Mathematik im Fokus

Kristina Reiss
TU München, School of Education, München, Deutschland

Ralf Korn
TU Kaiserslautern, Fachbereich Mathematik, Kaiserslautern, Deutschland

Weitere Bände in dieser Reihe:
http://www.springer.com/series/11578

Die Buchreihe Mathematik im Fokus veröffentlicht zu aktuellen mathematikorientierten Themen gut verständliche Einführungen und prägnante Zusammenfassungen. Das inhaltliche Spektrum umfasst dabei Themen aus Lehre, Forschung, Berufs- und Unterrichtspraxis. Der Umfang eines Buches beträgt in der Regel 80 bis 120 Seiten. Kurzdarstellungen der folgenden Art sind möglich:

- State-of-the-Art Berichte aus aktuellen Teilgebieten der theoretischen und angewandten Mathematik
- Fallstudien oder exemplarische Darstellungen eines Themas
- Mathematische Verfahren mit Anwendung in Natur-, Ingenieur- oder Wirtschaftswissenschaften
- Darstellung der grundlegenden Konzepte oder Kompetenzen in einem Gebiet

Friedrich Pukelsheim

Sitzzuteilungsmethoden

Ein Kompaktkurs über
Stimmenverrechnungsverfahren in
Verhältniswahlsystemen

 Springer

Friedrich Pukelsheim
Universität Augsburg, Institut für Mathematik
Augsburg, Deutschland

ISBN 978-3-662-47360-3   ISBN 978-3-662-47361-0 (eBook)
DOI 10.1007/978-3-662-47361-0

Die Deutsche Nationalbibliothek verzeichnet diese Publikation in der Deutschen Nationalbibliografie; detaillierte bibliografische Daten sind im Internet über http://dnb.d-nb.de abrufbar.

© Springer-Verlag Berlin Heidelberg 2016

Das Werk einschließlich aller seiner Teile ist urheberrechtlich geschützt. Jede Verwertung, die nicht ausdrücklich vom Urheberrechtsgesetz zugelassen ist, bedarf der vorherigen Zustimmung des Verlags. Das gilt insbesondere für Vervielfältigungen, Bearbeitungen, Übersetzungen, Mikroverfilmungen und die Einspeicherung und Verarbeitung in elektronischen Systemen.

Die Wiedergabe von Gebrauchsnamen, Handelsnamen, Warenbezeichnungen usw. in diesem Werk berechtigt auch ohne besondere Kennzeichnung nicht zu der Annahme, dass solche Namen im Sinne der Warenzeichen- und Markenschutz-Gesetzgebung als frei zu betrachten wären und daher von jedermann benutzt werden dürften.

Der Verlag, die Autoren und die Herausgeber gehen davon aus, dass die Angaben und Informationen in diesem Werk zum Zeitpunkt der Veröffentlichung vollständig und korrekt sind. Weder der Verlag noch die Autoren oder die Herausgeber übernehmen, ausdrücklich oder implizit, Gewähr für den Inhalt des Werkes, etwaige Fehler oder Äußerungen.

Gedruckt auf säurefreiem und chlorfrei gebleichtem Papier.

Springer Berlin Heidelberg ist Teil der Fachverlagsgruppe Springer Science+Business Media
(www.springer.com)

Vorwort

Verhältniswahlsysteme gehören zu den Grundlagen vieler Demokratien. Ein kleines Rädchen in diesem großen Räderwerk sind die Methoden, um die Stimmenzahlen, die am Ende einer Wahl zusammenkommen, in die Zahl der Sitze zu verrechnen, die den politischen Parteien zugeteilt werden. Sitzzuteilungsmethoden und ihre wichtigsten formalen Eigenschaften sind das Thema des vorliegenden Kompaktkurses. Zahlreiche Beispiele mit aktuellen Wahlergebnissen sichern Realitätsnähe. Eine ausführlichere Darstellung enthält meine Monographie *Proportional Representation – Apportionment Methods and Their Applications*, die 2014 im Springer-Verlag erschienen ist.

Inhalt und Gliederung des Kompaktkurses ergaben sich aus Vorlesungen, Seminaren und Proseminaren zur mathematischen Analyse von Verhältniswahlsystemen, die ich seit fast zwei Jahrzehnten an der Universität Augsburg abgehalten habe. Die Stoffauswahl wurde dabei weniger vom traditionellen Aufbau akademischer Lehrbücher bestimmt als vielmehr von meinen Stellungnahmen und Gutachten sowohl für die Verfassungsgerichtsbarkeit als auch für Gremien des Europäischen Parlaments, des Deutschen Bundestages, deutscher Landtage und kantonaler Parlamente in der Schweiz.

Somit bietet der Kurs einen Blick auf gängige Sitzzuteilungsmethoden wie auch auf aktuelle Probleme des Wahlrechts, im Umfang etwa einer einsemestrigen Lehrveranstaltung. Für den bequemen Vollzug der unumgänglichen Rechnungen sei unser Augsburger Programm *BAZI – Berechnung von Anzahlen mit Zuteilungsmethoden im Internet* empfohlen, das unter der Adresse www.uni-augsburg.de/bazi verfügbar ist.

Mein besonderer Dank gilt *Christoph Gietl*, *Grégoire Nicollier* und *Fabian Reffel*, die verschiedene Entwürfe zu diesem Kompaktkurs teilweise oder ganz und einmal oder mehrfach durchgesehen, verbessert und kritisiert haben.

Augsburg, im März 2015   Friedrich Pukelsheim

Bezeichnungen

$\mathbb{N}$	Menge der natürlichen Zahlen $\{0, 1, 2, \ldots\}$, 1
$\lfloor t \rfloor, \lfloor\!\lfloor t \rfloor\!\rfloor$	Abrundungsfunktion, 2, Abrundungsregel, 3
$\lceil t \rceil, \lceil\!\lceil t \rceil\!\rceil$	Aufrundungsfunktion, 4, Aufrundungsregel, 4
$\langle t \rangle, \langle\!\langle t \rangle\!\rangle$	kaufmännische Rundung, 4, Standardrundung, 5
$[t], [\![t]\!]$	allgemeine Rundungsfunktion, 7, allgemeine Rundungsregel, 7
$s(n), n \in \mathbb{N}$	Sprungstellenfolge (immer beginnend mit $s(0) = 0$), 5
$s_r(n) = n - 1 + r$	stationäre Sprungstellen mit Splittparameter $r \in [0; 1]$ ($n \geq 1$), 8
$\widetilde{s}_p(n)$	Potenzmittel-Sprungstellen mit Exponentparameter $p \in [-\infty; \infty]$, 9
ℓ	Zahl der Parteien, die in die Sitzzuteilung eingehen ($\ell \geq 2$), 13
h	Hausgröße $h \in \mathbb{N}$, 13
$v = (v_1, \ldots, v_\ell)$	Votenvektor $v \in (0; \infty)^\ell$, 14
$v_+ = v_1 + \cdots + v_\ell$	Quersumme eines Vektors, 14
$w_j = v_j / v_+$	Stimmenanteil der Partei j, 14
$x = (x_1, \ldots, x_\ell)$	Sitzevektor $x \in \mathbb{N}^\ell$, 14
$\mathbb{N}^\ell(h)$	Menge aller Sitzevektoren mit Quersumme h, 14
A	allgemeine Zuteilungsmethode, 15
$A(h; v)$	Lösungsmenge für Hausgröße h und Votenvektor v, 15
$w_j h$	Idealanspruch an Sitzen für die Partei j, 31
$B_r^{(t)}(k)$	Sitzverzerrung der k-stärksten Partei bei Mindesthürde t und stationärer Divisormethode mit Splitt r, 34
$a(x_j), b(x_j)$	minimaler und maximaler Stimmenanteil für x_j Sitze, 41
a_j, b_j	Mindest- und Maximalbedingung für die Sitze der Partei j, 58
$u(x)$	Unproportionalitätsindex des Sitzevektors x, 60
k	Zahl der Wahldistrikte, in die das Wahlgebiet untergliedert ist, 90
r_i	Distriktgröße des Distrikts i ($r_+ = h$), 90
s_j	Sitzkontingent der Partei j ($s_+ = h$), 90
v_{ij}	Votenindex in Distrikt i für Partei j ($v_{i+} > 0, v_{+j} > 0$), 91
x_{ij}	Sitzzahl in Distrikt i für Partei j ($x_{i+} = r_i, x_{+j} = s_j$), 91
$A(r, s; v)$	Lösungsmenge für Marginalien r, s und Votenmatrix v, 92
•	Blickfang in Tabellen
(PR n)	Verweis auf Seite n in Pukelsheim (2014)

Inhaltsverzeichnis

1 Rundungsregeln 1
   1.1 Rundungsfunktionen 1
   1.2 Die Abrundungsfunktion 2
   1.3 Gleichstände und Bindungen 2
   1.4 Die Abrundungsregel 3
   1.5 Die Aufrundungsfunktion und die Aufrundungsregel 4
   1.6 Kaufmännische Rundung und Geradzahl-Rundung 4
   1.7 Standardrundung 5
   1.8 Sprungstellenfolgen und Rundungsregeln 5
   1.9 Stationäre Sprungstellenfolgen 8
   1.10 Potenzmittel-Sprungstellenfolgen 9
   1.11 Unzulänglichkeit von Einzelrundungen 10

2 Divisormethoden 13
   2.1 Hausgröße, Votenvektor, Sitzevektor 13
   2.2 Divisormethoden 15
   2.3 Grundeigenschaften 16
   2.4 Max-Min-Ungleichung und Eindeutigkeit 18
   2.5 Zitierdivisor 19
   2.6 Inkrementierung, Dekrementierung und Existenz 21
   2.7 Diskrepanzabbau-Algorithmus 22
   2.8 Empfohlener Anfangsdivisor 23
   2.9 Universeller Anfangsdivisor 25
   2.10 Schlechter Anfangsdivisor 26
   2.11 Höchste Vergleichszahlen 27
   2.12 Autoritäten 28

3 Sitzverzerrungen 31
   3.1 Idealanspruch und Sitzexzess 31
   3.2 Parteienreihung nach Stimmenstärke 32
   3.3 Hürden für die Zuteilungsberechtigung 33

	3.4	Sitzverzerrungen	33
	3.5	Verzerrungsformel	34
	3.6	Verzerrtheit und Unverzerrtheit	37
	3.7	Hausgrößenempfehlung	38
	3.8	Drittelung des Parteiensystems	38
4	**Stimmenhürden**		**41**
	4.1	Variationsbereich der Stimmenanteile für eine gegebene Sitzzahl	41
	4.2	Sitzexzess-Schranken für allgemeine Divisormethoden	42
	4.3	Sitzexzess-Schranken für stationäre Divisormethoden	43
	4.4	Stimmenhürden für stationäre Divisormethoden	44
	4.5	Stimmenhürden für modifizierte Divisormethoden	46
	4.6	Mehrheitstreue und Mehrheitsklauseln	48
	4.7	Mehrheitsklausel mit Zusatzsitzen	50
	4.8	Mehrheit-Minderheit-Partition	51
	4.9	Mehrheitsklausel von Niemeyer	53
5	**Mindestbedingungen**		**55**
	5.1	Zur Komplexität von Verhältniswahlsystemen	55
	5.2	Divisormethoden mit Zusatzbedingungen	57
	5.3	Unproportionalitätsindex	60
	5.4	Sitzzuteilung im US-Repräsentantenhaus	61
	5.5	Verteilung der Kantonsratssitze in Appenzell Ausserrhoden	64
	5.6	Zusammensetzung des Europäischen Parlaments	66
6	**Wahl des Deutschen Bundestages**		**69**
	6.1	Direktmandatsbedingte Verhältniswahl	69
	6.2	Nominalgröße des Bundestages	71
	6.3	Verteilung der Wahlkreise auf die Länder	72
	6.4	Wahlkreiszuschnitt	73
	6.5	Stimmgebung	74
	6.6	Parteiliche Zusammensetzung des Bundestages	74
	6.7	Personelle Zusammensetzung des Bundestages	75
	6.8	Vorabkalkulation der Bundestagsgröße	77
	6.9	Alternative Vorabkalkulationen	80
	6.10	Überhangmandate und negative Stimmgewichte	81
7	**Doppelproporz**		**85**
	7.1	Vom Einfachproporz zum Doppelproporz	85
	7.2	Wahl des Kantonsrats Schaffhausen 2012	86
	7.3	Distriktgrößen, Votenmatrix und Sitzematrix	90
	7.4	Doppeltproportionale Divisormethoden	92
	7.5	Grundeigenschaften und Diskordanzen	93

	7.6	WTO-Modifikation	94
	7.7	Eindeutigkeit und Existenz	95
	7.8	Algorithmus der alternierenden Skalierung	97
	7.9	Doppelproporz bei Europawahlen	98
8	**Anhänge**		101
	8.1	Quotenmethoden	101
	8.2	Optimalitätskriterien	108
Literatur			119
Sachverzeichnis			121

Tabellenverzeichnis

Tab. 1.1	Unzulänglichkeit individueller Einzelrundungen	10
Tab. 2.1	Divisorintervall und Divisor	20
Tab. 2.2	Wahl zum Europäischen Parlament in Österreich 2009	25
Tab. 4.1	Verletzung der Mehrheitstreue	48
Tab. 4.2	Wahl der Gemeindeversammlung Boostedt 2013	50
Tab. 4.3	Mehrheitsklausel mit Mehrheit-Minderheit-Partition im 15. Deutschen Bundestag	53
Tab. 5.1	Zuteilung der 435 Repräsentantenhaussitze an die Gliedstaaten 1950	63
Tab. 5.2	Verteilung der 65 Kantonsratssitze auf die Gemeinden des Kantons Appenzell Ausserrhoden	65
Tab. 5.3	Verlustbeschränkte Variante des Cambridge-Kompromisses	67
Tab. 6.1	Wahl zum 18. Bundestag 2013, Verteilung der 299 Wahlkreise auf die Länder	73
Tab. 6.2	Wahl zum 18. Bundestag 2013, Oberzuteilung der 631 Sitze an die Parteien	75
Tab. 6.3	Wahl zum 18. Bundestag 2013, Unterzuteilungen der Parteisitze an die Landeslisten	76
Tab. 6.4	Wahl zum 18. Bundestag 2013, Schritt 1 der Vorabkalkulation der Bundestagsgröße	77
Tab. 6.5	Wahl zum 18. Bundestag 2013, Schritt 2 der Vorabkalkulation der Bundestagsgröße	79
Tab. 6.6	Wahl zum 18. Bundestag 2013, Schritt 3 der Vorabkalkulation der Bundestagsgröße	80
Tab. 7.1	Distriktgrößen, Schaffhausen 2012	87
Tab. 7.2	Oberzuteilung, Schaffhausen 2012	88
Tab. 7.3	Unterzuteilung, Schaffhausen 2012	89
Tab. 7.4	Hypothetischer Doppelproporz bei den Europawahlen 2009: Oberzuteilung von 751 Sitzen an acht Fraktionen	99
Tab. 7.5	Hypothetischer Doppelproporz bei den Europawahlen 2009: Unterzuteilung der Sitze pro Fraktion und Mitgliedstaat	100
Tab. 8.1	Optimalität von Zuteilungsmethoden	109

Rundungsregeln 1

Zusammenfassung

Rundungsregeln sind Abbildungen, die einer nichtnegativen Zahl eine oder zwei natürliche Zahlen zuordnen. Die mögliche Zweiwertigkeit erlaubt es, an Sprungstellen sowohl abzurunden als auch aufzurunden. Rundungsregeln sind charakterisiert durch Sprungstellenfolgen. Wichtige Klassen sind die Familie der stationären Sprungstellenfolgen sowie die Familie der Potenzmittel-Sprungstellenfolgen.

1.1 Rundungsfunktionen

Jede Zuteilungsmethode macht auf die eine oder andere Art von Rundungsverfahren Gebrauch. Diesen Verfahren ist das erste Kapitel gewidmet. Zunächst betrachten wir reellwertige Rundungs„funktionen", dann mengenwertige Rundungs„regeln". Rundungsfunktionen erscheinen eher zugänglich, aber Rundungsregeln erweisen sich für die Analyse von Zuteilungsmethoden als wichtiger.

Bezeichnung. Eine „Rundungsfunktion" ist eine Abbildung f von der nichtnegativen Halbachse $[0; \infty)$ in die Menge der natürlichen Zahlen $\mathbb{N} := \{0, 1, 2, 3, \ldots\}$, die monoton wachsend und surjektiv ist:

$$f : [0; \infty) \to \mathbb{N} \quad \textit{monoton wachsend und surjektiv}.$$

Weil Rundungsfunktionen f monoton wachsen und weil sie surjektiv sind,

$$0 \leq t < T \Rightarrow f(t) \leq f(T) \quad \text{und} \quad f\big([0; \infty)\big) = \mathbb{N},$$

beginnen sie bei $f(0) = 0$. Mit wachsendem Argument t bleiben die Werte $f(t)$ eine Zeit lang konstant, bevor sie dann zur nächsten natürlichen Zahl hochspringen.

Im ersten Teil des Kapitels präsentieren wir vier Spezialfälle: die Abrundungsfunktion, die Aufrundungsfunktion, die kaufmännische Rundungsfunktion und die Geradzahl-Rundungsfunktion. Um Gleichstände und Bindungen angemessen behandeln zu können, geraten die mengenwertigen Rundungsregeln in den Blick. Diese werden im zweiten Teil des Kapitels genauer unter die Lupe genommen.

1.2 Die Abrundungsfunktion

Die Mutter aller Rundungsfunktionen ist die „Abrundungsfunktion". Für $t \geq 0$ ist sie definiert als die größte natürliche Zahl kleiner oder gleich t,

$$\lfloor t \rfloor := \max \{ n \in \mathbb{N} \mid n \leq t \}.$$

Die Definition impliziert die Beziehung $\lfloor t \rfloor \leq t < \lfloor t \rfloor + 1$, die äquivalent ist zu $t - 1 < \lfloor t \rfloor \leq t$. Der Wert $\lfloor t \rfloor \in (t-1; t]$ ist diejenige natürliche Zahl, die im halboffenen Intervall der Länge eins liegt, dessen rechte Grenze t ist. Der Wert ist die natürliche Zahl unterhalb t, wenn t gebrochen ist. Er ist gleich t, wenn t ganz ist.

Der Abrundungswert $\lfloor t \rfloor$ wird auch die „Ganzzahl" von t genannt. Der Rest $t - \lfloor t \rfloor \in [0; 1)$ heißt die „Bruchzahl" von t. Die Abrundungsfunktion ist somit von Nutzen, um positive Zahlen in Ganzzahl und Bruchzahl zu zerlegen,

$$t = \lfloor t \rfloor + \bigl(t - \lfloor t \rfloor \bigr).$$

So gehört zu 5.9 die Ganzzahl $\lfloor 5.9 \rfloor = 5$ und die Bruchzahl $5.9 - \lfloor 5.9 \rfloor = .9$. Bei Zahlen, die notgedrungen zwischen null und eins liegen, verzichten wir auf die vorlaufende Null. Der Ausdruck .9 ist also eine Verkürzung der Schreibweise 0.9.

Die Ganzzahlfunktion kommt schon bei Carl Friedrich Gauß (1808) vor, allerdings in der Notation $[t]$. Viele Autoren sprechen daher von den „Gauß-Klammern". Abweichend von dieser Tradition benutzen wir die eckigen Klammern $[\cdot]$ zur Kennzeichnung allgemeiner Rundungsfunktionen f und schreiben dann $[t]$ an Stelle von $f(t)$.

1.3 Gleichstände und Bindungen

Die in diesem Buch studierten Zuteilungsmethoden beinhalten aber nicht nur Rundungen von gebrochenen Zahlen zu ganzen Zahlen. Sie umfassen darüber hinaus die wichtige Zusatzbedingung, dass die Summe der Rundungswerte eine vorgegebene Zielgröße genau ausschöpfen muss. Diese Zusatzbedingung führt zum Problem, wie ein Gleichstand zwischen mehreren Teilnehmern zu behandeln ist.

Nehmen wir an, dass für drei Teilnehmer derselbe Anspruch 5.9 ausgerechnet wird. Werden die Ansprüche abgerundet, $\lfloor 5.9 \rfloor = 5$, kann die Zielgröße $5 + 5 + 5 = 15$

ausgeschöpft werden. Ist aber ein größerer Zielwert vorgegeben wie etwa 16 oder 17, müssten wir den Anspruch 5.9 heraufsetzen, um alle Beteiligten gleich zu behandeln. Sobald wir das Niveau 6.0 erreichen, geht die Summe 6+6+6 = 18 über die Zielvorgaben 16 oder 17 hinaus. Wir stehen vor einem Dilemma: Entweder wir verbieten Zielgrößen wie 16 und 17. Oder wir entwickeln klügere Strategien, um dem Dilemma zu entgehen.

Das Dilemma ist nicht auf Gleichstände beschränkt. Ähnliche Probleme treten bei sogenannten „Bindungen" (engl. ties) auf. Zum Beispiel könnten drei Teilnehmer die zahlenmäßigen Ansprüche 6.0, 5.9 und 5.0 präsentieren. Werden die Ansprüche abgerundet, kommt die Summe $6 + 5 + 5 = 16$ heraus. Die Zielgröße 16 wäre somit kein Problem. Bei der kleineren Zielgröße 15 müssten alle Ansprüche ein wenig abgeben und kämen auf Werte knapp unter 6, knapp unter 5.9 und knapp unter 5. Bei Abrundung erhalten wir die Summe $5 + 5 + 4 = 14$. Die Zielgröße 15 ist mit der Abrundungsfunktion nicht erreichbar. Man müsste sie verbieten und auch – wie sich herausstellt – die Zielgrößen 32, 49, 66, 83 und so weiter. Statt erratischer Verbote wählen wir einen anderen Ausweg. Wir bieten mehrere Lösungen an und werten sie als gleichberechtigt.

1.4 Die Abrundungsregel

Um Gleichständen und Bindungen Rechnung zu tragen, gehen wir von Rundungsfunktionen über zu Rundungsregeln. Eine Rundungsregel ist eine Abbildung, die der Stelle, an der die Rundungswerte von $n - 1$ auf n springen, die zweielementige Menge $\{n - 1, n\}$ zuordnet. Um die gelegentliche Zweiwertigkeit sichtbar zu machen, kennzeichnen wir Rundungsregeln durch Doppelklammern. Die „Abrundungsregel" ist für alle nichtnegativen Argumente $t \geq 0$ definiert durch

$$\| t \| := \begin{cases} \{\lfloor t \rfloor\} & \text{falls } t \neq 1, 2, 3, \ldots, \\ \{t - 1, t\} & \text{falls } t = 1, 2, 3, \ldots \end{cases}$$

Die Inklusion $n \in \| t \|$ bedeutet, dass „n eine Abrundung von t ist", oder dass „t abgerundet wird zu n". Zum Beispiel erhalten wir $\| 5.9 \| = \{5\}$ und $\| 6.0 \| = \{5, 6\}$.

Abrundungsregel und Abrundungsfunktion geben fast dieselbe Antwort, wenn das Argument t eine gebrochene Zahl ist. Dann ist der Wert der Abrundungsfunktion die ganze Zahl $\lfloor t \rfloor$. Der Wert der Abrundungsregel ist die Einermenge $\{\lfloor t \rfloor\}$, die nur das eine Element $\lfloor t \rfloor$ enthält. Bei positiven natürlichen Argumenten $t = 1, 2, 3, \ldots$ tritt ein wirklicher Unterschied zu Tage. Die Abrundungsfunktion reproduziert diese ganze Zahl, $\lfloor t \rfloor = t$, wohingegen die Abrundungsregel zwei Werte anbietet, $\| t \| = \{t - 1, t\}$. Von daher ist der Umgang mit Rundungsregeln etwas mühsamer. Aber die Mühe lohnt sich. Im weiteren Verlauf wird sich zeigen, dass Rundungsregeln das geeignete Hilfsmittel sind, um Gleichständen und Bindungen gerecht zu werden.

1.5 Die Aufrundungsfunktion und die Aufrundungsregel

Das Gegenstück zur Abrundungsfunktion ist die „Aufrundungsfunktion". Für $t \geq 0$ liefert sie die kleinste natürliche Zahl größer oder gleich t:

$$\lceil t \rceil := \min \{n \in \mathbb{N} \mid n \geq t\}.$$

Der Wert $n = \lceil t \rceil$ ist die natürliche Zahl rechts von t. Die Relation $\lceil t \rceil - 1 < t \leq \lceil t \rceil$ lässt sich umschreiben in $t \leq \lceil t \rceil < t + 1$. Somit ist der Aufrundungswert $\lceil t \rceil$ diejenige ganze Zahl, die im halboffenen Intervall $[t; t+1)$ der Länge eins liegt, dessen linke Grenze t ist. Positive Argumente führen immer zu positiven Werten, $t > 0 \Rightarrow \lceil t \rceil \geq 1$. Der Wert null kann nur beim Argument null herauskommen, $\lceil t \rceil = 0 \Rightarrow t = 0$.

Die „Aufrundungsregel", die mit der Aufrundungsfunktion Hand in Hand geht, ist

$$\lceil\!\lceil t \rceil\!\rceil := \begin{cases} \{\lceil t \rceil\} & \text{falls } t \neq 1, 2, 3, \ldots, \\ \{t, t+1\} & \text{falls } t = 1, 2, 3, \ldots \end{cases}$$

Die Sprungstellen $t = 1, 2, 3, \ldots$ lassen besonders gut erkennen, dass Abrundung nach unten tendiert, $\lfloor\!\lfloor t \rfloor\!\rfloor = \{t-1, t\}$, und Aufrundung nach oben, $\lceil\!\lceil t \rceil\!\rceil = \{t, t+1\}$.

1.6 Kaufmännische Rundung und Geradzahl-Rundung

Eine Rundungsfunktion mit neutraler Tendenz ist die „kaufmännische Rundung". Bruchzahlen kleiner als ein halb werden abgerundet, Bruchzahlen größer oder gleich ein halb werden aufgerundet. Für $t \geq 0$ ist die kaufmännische Rundung $\langle t \rangle$ definiert durch

$$\langle t \rangle := \begin{cases} \lceil t \rceil & \text{falls } t - \lfloor t \rfloor \geq \frac{1}{2}, \\ \lfloor t \rfloor & \text{falls } t - \lfloor t \rfloor < \frac{1}{2}. \end{cases}$$

Der Wert $\langle t \rangle$ ist diejenige natürliche Zahl, die t am nächsten liegt, wenn die Bruchzahl von t ungleich ein halb ist. Ist die Bruchzahl gleich ein halb, wird nach oben zur nächsten natürlichen Zahl gerundet. Mit anderen Worten: Ist in der Dezimaldarstellung von t die erste Nachkommastelle 0, 1, 2, 3 oder 4, wird t abgerundet. Ist die erste Nachkommastelle 5, 6, 7, 8 oder 9, wird t aufgerundet. Weil die Bruchzahl ein halb aufgerundet wird, bewahrt die kaufmännische Rundung einen Bodensatz nach oben gerichteter Tendenz.

Eine strikt neutrale Tendenz wird von der „Geradzahl-Rundung" realisiert. Diese Rundungsfunktion stimmt mit der kaufmännischen Rundung überein, außer dass ein Argument t mit Bruchzahl ein halb zur nächstgelegenen *geraden* Zahl gerundet wird:

$$\langle t \rangle^* := \begin{cases} \lceil t \rceil & \text{falls } t - \lfloor t \rfloor > \frac{1}{2}, \text{ oder } t - \lfloor t \rfloor = \frac{1}{2} \text{ und } \lceil t \rceil \text{ gerade}, \\ \lfloor t \rfloor & \text{falls } t - \lfloor t \rfloor < \frac{1}{2}, \text{ oder } t - \lfloor t \rfloor = \frac{1}{2} \text{ und } \lfloor t \rfloor \text{ gerade}. \end{cases}$$

Die Sprungstellen 0.5, 1.5, 2.5, 3.5, 4.5, 5.5 werden also zu den Werten 0, 2, 2, 4, 4, 6 gerundet. Die Geradzahl-Rundung ist die voreingestellte Rundungsfunktion in manchen Softwareprogrammen, zum Beispiel `round` in `R` und `Round` in `Mathematica`. Alternativ könnte man, wenn man wollte, die Sprungstellen zu den ungeraden Nachbarn 1, 1, 3, 3, 5, 5 runden. Offenbar will das keiner.

1.7 Standardrundung

Bei der kaufmännischen Rundung und der Geradzahl-Rundung unterscheiden sich die Funktionswerte nur an den Sprungstellen. Diese Unterschiede verschwinden, wenn wir zur zugehörigen Rundungsregel übergehen. In der Tat führen kaufmännische Rundung und Geradzahl-Rundung zu ein- und derselben Rundungsregel, genannt „Standardrundung". Für $t \geq 0$ ist die Standardrundung definiert durch

$$\langle\!\langle t \rangle\!\rangle := \begin{cases} \{\langle t \rangle\} & \text{falls } t \neq 0.5, 1.5, 2.5, \ldots, \\ \{t - 0.5, t + 0.5\} & \text{falls } t = 0.5, 1.5, 2.5, \ldots \end{cases}$$

Ist die Bruchzahl des Arguments kleiner als ein halb, wird abgerundet. Ist sie größer als ein halb, wird aufgerundet. Ist sie genau gleich ein halb, ist sowohl Abrundung als auch Aufrundung möglich. Zum Beispiel erhalten wir $\langle\!\langle 5.9 \rangle\!\rangle = \{6\}$ und $\langle\!\langle 5.5 \rangle\!\rangle = \{5, 6\}$.

1.8 Sprungstellenfolgen und Rundungsregeln

Eine Rundungsregel – kurz auch: Rundung – lässt an den unvermeidlichen Sprungstellen eines Rundungsverfahrens sowohl Abrundung zu als auch Aufrundung. Solche Zweideutigkeiten sind einer Rundungsfunktion f verwehrt, weil es mit ihrem Charakter als reellwertige Funktion unvereinbar ist. Für $n \geq 1$ ist die Stelle, wo die Funktion f vom Wert $n - 1$ auf den Wert n springt, gegeben durch

$$s(n) := \inf \{ t > 0 \mid f(t) \geq n \} \quad \text{für alle } n = 1, 2, \ldots$$

Es erweist sich als vorteilhaft, denjenigen reellen Folgen einen Namen zu geben, die sich in den dann zu definierenden Rundungsregeln als Sprungstellenfolgen reproduzieren.

Bezeichnung. Eine „Sprungstellenfolge" ist eine Zahlenfolge $s(0), s(1), s(2), \ldots$ mit den folgenden drei Eigenschaften a, b, und c:

a. *(Initialisierung) Die nullte Sprungstelle hat den Wert null, $s(0) = 0$.*
b. *(Lokalisierung) Für alle $n \geq 1$ liegt die Sprungstelle $s(n)$ im Intervall $[n - 1; n]$.*

c. *(Links-rechts-Disjunktion) Wenn irgendeine Sprungstelle an der linken Grenze ihres Lokalisierungsintervalls anstößt, dann stößt keine Sprungstelle rechts an,*

$$\Big(Es\ gibt\ N \geq 1:\quad s(N) = N - 1\Big) \quad \Rightarrow \quad \Big(Für\ alle\ n \geq 1:\quad s(n) < n\Big);$$

und wenn irgendeine Sprungstelle an der rechten Grenze ihres Lokalisierungsintervalls anstößt, dann stößt keine Sprungstelle links an,

$$\Big(Es\ gibt\ N \geq 1:\quad s(N) = N\Big) \quad \Rightarrow \quad \Big(Für\ alle\ n \geq 1:\quad s(n) > n - 1\Big).$$

Die Sprungstellenfolge heißt „durchlässig" (engl. pervious), falls die erste Sprungstelle positiv ist, $s(1) > 0$. Sie heißt „undurchlässig" (engl. impervious), falls die erste Sprungstelle null ist, $s(1) = 0$.

Alle Sprungstellen liegen auf der Halbachse $[0; \infty)$. Diese ist die Vereinigung der Intervalle $[n-1; n]$ für $n \geq 1$. Die erste Sprungstelle $s(1)$ liegt im ersten dieser Intervalle, $[0; 1]$, die zweite Sprungstelle $s(2)$ im zweiten, $[1; 2]$, und so weiter. Das folgende Schaubild deutet an, wie die Folge mit den Sprungstellen $s(1) = 0.3$, $s(2) = 1.6$, $s(3) = 2.7$ und schließlich $s(n) = n - 1/2$ und $s(n+1) = n + 1/2$ sich darstellt:

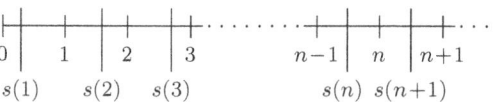

Damit diese Zuordnung so eingängig daher kommt, sind Sprungstellenfolgen generell mit der „nullten Sprungstelle" $s(0) = 0$ initialisiert. Bis auf dieses nullte Glied ist jede Sprungstellenfolge strikt monoton, $s(n) < s(n+1)$ für alle $n \geq 1$. Zum Beweis nehmen wir an, dass zwei Sprungstellen gleich wären, $s(n) = s(n+1)$. Ihre Lokalisierung impliziert die Identität $s(n) = n = s(n+1)$. In ihren Lokalisierungsintervallen würde $s(n)$ rechts anstoßen und $s(n+1)$ links. Dieses Verhalten widerspricht der Links-rechts-Disjunktion. Also müssen die Sprungstellen $s(1), s(2), \ldots$ strikt monoton wachsen.

Ein weiterer Nutzen der zunächst befremdlichen Links-rechts-Disjunktion kommt beim Nachweis der Exaktheit von Divisormethoden zum Vorschein (Abschn. 2.3).

Die von einer gegebenen Sprungstellenfolge induzierte Rundungsregel benutzt die Sprungstellen $s(n)$, um die Intervalle $[n-1; n]$ in zwei Stücke zu splitten. Im linken Teilstück $[n-1; s(n))$ werden die Zahlen zu $n-1$ abgerundet, im rechten Teilstück $(s(n); n]$ werden sie zu n aufgerundet. In positiven Sprungstellen $s(n) > 0$ bleibt die Rundungsregel unentschieden und bietet beides an, Abrundung und Aufrundung. Das Argument null wird immer unzweideutig zu null gerundet, $[\![0]\!] = \{0\}$.

1.8 Sprungstellenfolgen und Rundungsregeln

Bezeichnung. Die „Rundungsregel zur Sprungstellenfolge $s(0), s(1), s(2), \ldots$" ist die Abbildung $[\![\cdot]\!]$ von der nichtnegativen Halbachse $[0; \infty)$ in die Potenzmenge der natürlichen Zahlen, die definiert ist durch $[\![0]\!] := \{0\}$ und für $t > 0$ und $n \in \mathbb{N}$ durch

$$[\![t]\!] := \begin{cases} \{n\} & \text{falls } t \in \big(s(n), s(n+1)\big), \\ \{n-1, n\} & \text{falls } t = s(n). \end{cases}$$

Die Rundungsregel heißt „durchlässig", falls die zugrunde liegende Sprungstellenfolge durchlässig ist. Andernfalls heißt sie „undurchlässig".

Ist die Rundungsregel durchlässig, $s(1) > 0$, werden die Argumente t im Intervall $[0; s(1))$ zu null gerundet. Die Wortwahl „durchlässig" deutet an, dass zu kleine Argumente durch Rundung zum Verschwinden gebracht werden. Eine durchlässige Rundungsregel ähnelt einem Sieb, bei dem allzu kleine Körner durchfallen und verloren gehen. Ist die Rundungsregel undurchlässig, dann ist $t = 0$ das einzige Argument, das auf null gerundet wird.

Wenn das Argument t echt zwischen der Sprungstelle $s(n)$ und ihrer Nachfolgerin $s(n+1)$ liegt, dann bildet die Rundungsregel $[\![\cdot]\!]$ auf eine Einermenge ab, $[\![t]\!] = \{n\}$. Dieser Fall ist für Anwendungen typisch. Ein Sonderfall tritt auf, wenn das Argument t gleich einer positiven Sprungstelle ist, $t = s(n) > 0$. Hier liefert die Rundungsregel die Zweiermenge $\{n-1, n\}$ und bietet zwei gleichberechtigte Rundungswerte an, die Abrundung zu $n-1$ oder die Aufrundung zu n. Wir haben schon in Abschn. 1.3 erläutert, dass diese Zweideutigkeit unabdingbar ist, um beim Anfall von Gleichständen und Bindungen nicht mit leeren Händen dazustehen.

Im Folgenden gehen wir mit der Korrespondenz zwischen Sprungstellenfolgen und Rundungsregeln sehr freizügig um. Wir reden von einer Rundungsregel $[\![\cdot]\!]$ und machen ohne besonderes Federlesen mit der zugrunde liegenden Sprungstellenfolge $s(n), n \geq 0$, weiter. Oder wir geben eine Sprungstellenfolge vor und wenden uns unmittelbar der zugehörigen Rundungsregel zu. Die Korrespondenz beruht auf der für alle $t > 0$ und $n \in \mathbb{N}$ geltenden „Fundamentalbeziehung"

$$n \in [\![t]\!] \quad \Longleftrightarrow \quad t \in \big[s(n); s(n+1)\big].$$

Die Fundamentalbeziehung besagt, dass n eine Rundung von t ist genau dann, wenn t im Einzugsbereich des Rundungswertes n liegt. Die linke Seite betont die Rundungsregel, die rechte die Sprungstellenfolge. Die Fundamentalbeziehung ergibt sich direkt aus unseren Begriffsbildungen. Wir werden sie immer wieder benutzen.

Wie vertragen sich Rundungsregeln mit Rundungsfunktionen? Wir nennen eine beliebige Rundungsfunktion $[\cdot]$ „verträglich" mit der Rundungsregel $[\![\cdot]\!]$, falls die Rundungsfunktion nur Werte annimmt, die die Rundungsregel erlaubt,

$$[t] \in [\![t]\!] \quad \text{für alle } t \geq 0.$$

Beispielsweise ist die kaufmännische Rundung mit der Standardrundung verträglich. Die Geradzahl-Rundung ist auch mit der Standardrundung verträglich. Offensichtlich gibt es eine Unmenge von Rundungsfunktionen, die alle mit ein- und derselben Rundungsregel verträglich sind.

Die Nähe von Rundungsfunktionen und Rundungsregeln drückt sich auch in den funktionalen Eigenschaften aus. Rundungsfunktionen sind monoton wachsend und surjektiv (Abschn. 1.1). Rundungsregeln sind das auch, sobald diese Eigenschaften im Sinne mengenwertiger Funktionen uminterpretiert werden. Eine Rundungsregel ist „mengenmonoton" in dem Sinn, dass gilt

$$t < T \quad \Rightarrow \quad [\![t]\!] \leq [\![T]\!].$$

Per Definition bedeutet der Kleinergleich-Winkel zwischen den Mengen, dass alle Elemente der linken Menge kleiner oder gleich allen Elementen der rechten Menge sind,

$$[\![t]\!] \leq [\![T]\!] \quad :\Longleftrightarrow \quad n \leq N \quad \text{für alle } n \in [\![t]\!] \text{ und für alle } N \in [\![T]\!].$$

Zudem ist eine Rundungsregel „mengensurjektiv" in dem Sinn, dass die Vereinigung ihrer Bilder gleich der Menge aller natürlichen Zahlen ist, $\bigcup_{t \geq 0} [\![t]\!] = \mathbb{N}$.

Die bisherigen Rundungsregeln werden von folgenden Sprungstellenfolgen erzeugt:

Abrundung, $\lfloor \cdot \rfloor$:   0,   1,   2,   3, ...,
Standardrundung, $\langle\!\langle \cdot \rangle\!\rangle$:   0,   0.5,   1.5,   2.5, ...,
Aufrundung, $\lceil \cdot \rceil$:   0,   0,   1,   2, ...

Diese Rundungsregeln lassen sich in größere Familien einbetten, die einen fließenden Übergang zwischen ihnen ermöglicht. Zwei solche Familien erweisen sich als besonders ergiebig. Die erste ist die Familie der stationären Sprungstellenfolgen.

1.9 Stationäre Sprungstellenfolgen

Bezeichnung. Die „stationäre Sprungstellenfolge" mit „Splittparameter" $r \in [0; 1]$ ist gegeben durch $s_r(0) := 0$ und für $n \geq 1$ durch

$$s_r(n) := n - 1 + r.$$

Die Folge besteht aus den Sprungstellen $0, r, 1+r, 2+r, 3+r$ und so weiter. Die Lage der Sprungstelle $s_r(n) = n - 1 + r$ in Bezug auf ihr Lokalisierungsintervall $[n-1; n]$ bleibt stationär: Der Abstand zur linken Grenze ist immer r und der Abstand zur rechten Grenze ist immer $1 - r$.

Die Einzugsbereiche für die Rundung zu einer positiven natürlichen Zahl $n \geq 1$ haben alle dieselbe Länge eins, $s_r(n+1) - s_r(n) = (n+r) - (n-1+r) = 1$. Die Länge des Einzugsbereichs der Null hängt vom Splittparameter ab, $s_r(1) - s_r(0) = r$. Nur bei Abrundung ($r = 1$) haben alle Einzugsbereiche die Länge eins; in diesem Sonderfall ist die Sprungstellenfolge $s_1(n) = n$ die Identität auf $\mathbb{N}$. Bei Splittparametern $r < 1$ spielt der Einzugsbereich der Null eine Sonderrolle.

Die stationäre Sprungstellenfamilie beginnt mit Aufrundung ($r = 0$), passiert die Standardrundung ($r = .5$) und endet mit Abrundung ($r = 1$). Indem wir also den Splittparameter von 0 über .5 bis 1 anwachsen lassen, wird ein kontinuierlicher Übergang von Aufrundung über Standardrundung zu Abrundung möglich.

Die Familie der Potenzmittel-Sprungstellen bietet einen ähnlichen Übergang, der aber entlang eines anderen Pfades verläuft. Auf diesem Pfad liegen zwei weitere Sprungstellenfolgen, die auch traditionelles Interesse beanspruchen können: die harmonischen Sprungstellen und die geometrischen Sprungstellen.

1.10 Potenzmittel-Sprungstellenfolgen

Bezeichnung. Die „Potenzmittel-Sprungstellenfolge" mit „Exponentenparameter" $p \in [-\infty; \infty]$ ist gegeben durch $\widetilde{s}_p(0) := 0$ und für $n \geq 1$ durch

$$\widetilde{s}_p(n) := \left(\frac{(n-1)^p + n^p}{2}\right)^{1/p} \quad \text{falls } p \neq -\infty, 0, \infty,$$

$$\widetilde{s}_{-\infty}(n) = n - 1, \quad \widetilde{s}_0(n) = \sqrt{(n-1)n}, \quad \widetilde{s}_\infty(n) = n.$$

Für $p \in (-\infty; 0)$ und $n = 1$ setzen wir $\widetilde{s}_p(1) := 0$, da der Ausdruck $(n-1)^p$ undefiniert ist. Die Familie enthält Aufrundung ($p = -\infty$), Standardrundung ($p = 1$) und Abrundung ($p = \infty$). Für die Parameterwerte $p = -1$ und $p = 0$ kommen zwei Rundungsregeln hinzu, die ebenfalls von traditionellem Interesse sind. Die Sprungstellen $\widetilde{s}_{-1}(n) = \left((n-1)^{-1}/2 + n^{-1}/2\right)^{-1}$ sind das harmonische Mittel von $n-1$ und n. Deshalb heißt die Rundungsregel mit $p = -1$ „harmonische Rundung". Die Sprungstellen $\widetilde{s}_0(n) = \sqrt{(n-1)n}$ sind das geometrische Mittel von $n-1$ und n. Daher heißt die Rundungsregel mit $p = 0$ „geometrische Rundung". Somit enthält die Potenzmittel-Familie fünf Rundungsregeln, die als „traditionelle Rundungsregeln" bekannt sind:

Traditionelle Rundungsregel	Splitt r	Exponent p
Abrundung	1	∞
Standardrundung	.5	1
Geometrische Rundung	—	0
Harmonische Rundung	—	-1
Aufrundung	0	$-\infty$

Die Sprungstelle $\widetilde{s}_p(n)$ ist das Potenzmittel mit dem Exponenten p der Grenzen $n - 1$ und n des Intervalls $[n-1; n]$. Allgemein ist das Potenzmittel zweier positiver Zahlen

$a, b > 0$ gegeben durch $(a^p/2 + b^p/2)^{1/p}$. Dieser Ausdruck ist nur für die Exponentenparameter $p \neq -\infty, 0, \infty$ gültig. Beim Übergang $p \to -\infty, 0, \infty$ oder $a, b \to 0$ konvergiert er gegen Grenzwerte, die in der Definition die lästigen Fallunterscheidungen nach sich ziehen. Folglich ist die Parametrisierung monoton und stetig: Für alle $n \in \mathbb{N}$ und für alle $p, P \in [-\infty; \infty]$ gilt sowohl $p < P \Rightarrow \widetilde{s}_p(n) \leq \widetilde{s}_P(n)$ als auch $\lim_{p \to P} \widetilde{s}_p(n) = \widetilde{s}_P(n)$. Für positive Parameter $p \in (0; \infty]$ ist die Sprungstellenfolge durchlässig, $\widetilde{s}_p(1) > 0$. Für nichtpositive Parameter $p \in [-\infty; 0]$ ist sie undurchlässig, $\widetilde{s}_p(1) = 0$.

1.11 Unzulänglichkeit von Einzelrundungen

Rundungsregeln garantieren nicht automatisch, dass mehrere Rundungswerte in der Summe eine vorgegebene Zielgröße genau ausschöpfen. Wenn zum Beispiel Anteile zu Prozenten gerundet werden, müssten eigentlich die Prozentwerte sich zu 100 aufsummieren. Kommen sie aber durch individuelle Einzelrundungen zu Stande, können sie den Zielwert 100 durchaus verfehlen.

Wir illustrieren die Problematik mit Zahlen aus dem Buch von Klaus Kopfermann (1991). Die Anteile der Kontinente an der Weltbevölkerung 1975 werden zu Prozenten standardgerundet. In der Summe ergeben die Prozentwerte aber nur 98, nicht 100. Es verbleibt eine Diskrepanz von -2 Prozentpunkten. Bei vier Milliarden Erdenbewohnern stehen die fehlenden zwei Prozent für achtzig Millionen Menschen. Ein Land so groß wie Deutschland verschwindet als Rundungseffekt! Siehe Tab. 1.1.

Wegen dieser Rundungseffekte enthalten fast alle statistischen Veröffentlichungen salvatorische Klauseln folgender Art: *Bei der Summierung von Einzelangaben können sich wegen vorgenommener Auf- bzw. Abrundungen geringfügige Abweichungen in der Endsumme ergeben.* Oder: *Die in einigen Tabellen aufgetretenen geringfügigen Abweichungen in den Summen sind durch Auf- und Abrundungen bedingt.* Für berichtende Zahlenwerke wird der Informationsgehalt kaum gemindert, wenn bei Prozentangaben Diskrepanzen

Tab. 1.1 *Unzulänglichkeit individueller Einzelrundungen.* Standardrundung der Anteile ergibt Prozente, die sich nur zu 98 aufsummieren statt zu 100. Die verbleibende Diskrepanz von -2 Prozentpunkten lässt achtzig Millionen Menschen verschwinden, ein Land so groß wie Deutschland

Weltbevölkerung 1975	Bevölkerungsgröße	Anteil	Prozent
Asien	2 295 000 000	.57289	57
Europa	734 000 000	.18323	18
Nord- und Südamerika	540 000 000	.13480	13
Afrika	417 000 000	.10409	10
Australien und Ozeanien	20 000 000	.00499	0
Summe	4 006 000 000	1.00000	98

1.11 Unzulänglichkeit von Einzelrundungen

zum Summenwert 100 auftreten. Soweit Prozentzahlen nur mitteilenden Charakter haben, sind nichtverschwindende Diskrepanzen tolerierbar.

Ist die Zielgröße dagegen die Gesamtsitzzahl in einem Parlament, muss die Diskrepanz verschwinden. Niemand würde der Öffentlichkeit verkünden wollen, dass Sitze im Parlament frei bleiben müssen oder dass welche hinzugestellt werden müssen, nur weil die Auswertungsrechnung die Gesamtsitzzahl verfehlt. Von daher sind Verfahren zur Verrechnung von Stimmen in Mandate etwas aufwendiger als individuelle Einzelrundungen. Die wichtigste Klasse von Mandatszuteilungsverfahren sind Divisormethoden, denen wir uns im nächsten Kapitel zuwenden.

Divisormethoden 2

Zusammenfassung

Divisormethoden stellen die wichtigste Klasse von Zuteilungsverfahren dar, um eine vorgegebene Zahl von Parlamentssitzen im Verhältnis von Stimmenzahlen oder im Verhältnis von Bevölkerungsgrößen aufzuteilen. Sie arbeiten nach dem Motto „Teile und runde". Alle Rundungen erfolgen nach den Vorschriften derjenigen Rundungsregel, die mit der jeweiligen Divisormethode einhergeht. Besonderes Gewicht liegt auf den Divisormethoden, die traditionelle Rundungsregeln benutzen: Abrundung, Standardrundung, geometrische Rundung, harmonische Rundung und Aufrundung.

2.1 Hausgröße, Votenvektor, Sitzevektor

Das Zuteilungsproblem stellt typischerweise den letzten Akt einer Verhältniswahl dar, wenn die verfügbaren Parlamentssitze den politischen Parteien im Verhältnis ihrer Stimmenerfolge zugeteilt werden. An diesem Anwendungstyp orientiert sich unsere Sprachregelung. Die Zahl der zu vergebenden Sitze wird „Hausgröße" h (engl. house size) genannt. Die Hausgröße ist also eine natürliche Zahl, $h \in \mathbb{N}$. Kleine Anfangswerte wie $h = 0$ oder $h = 1$ sind zwar praktisch unerheblich, aber gelegentlich nützlich für die Theorie (Abschn. 2.6).

Die Zahl der politischen Parteien, die an der Verhältnisrechnung teilnehmen, wird mit ℓ bezeichnet. In einem Einparteiensystem ($\ell = 1$) stellt sich kein Zuteilungsproblem. Wir nehmen deshalb durchgängig an, dass es zwei oder mehr Parteien sind, die um die Sitze konkurrieren, $\ell \geq 2$.

Der Wahlerfolg einer Partei wird oft durch die Anzahl der Stimmen gemessen, die auf sie entfallen. Manchmal wird nur der Stimmenanteil angegeben. Um für beide Messskalen offen zu sein, gehen wir davon aus, dass der Wahlerfolg der Partei j durch einen „Votenindex" v_j gemessen wird, der eine beliebige positive Zahl sein darf. Votenindizes mit Wert null schließen wir aus, weil erfolglose Parteien leer ausgehen (müssen). Die Votenindizes aller Parteien zusammen bilden den „Votenvektor"

$$v = (v_1, \ldots, v_\ell) \in (0; \infty)^\ell.$$

Steht v_j zum Beispiel für die Stimmenzahl der Partei j, so gibt die Quersumme $v_+ := v_1 + \cdots + v_\ell$ die Zahl der Gesamtstimmen an. Steht $w_j := v_j/v_+$ für den Stimmenanteil der Partei j, so ist die Quersumme des Votenvektors $w = (w_1, \ldots, w_\ell)$ gleich eins.

Gesucht ist ein „Sitzevektor" $x = (x_1, \ldots, x_\ell)$, dessen ℓ Komponenten natürliche Zahlen sind, die sich zu h aufsummieren. Der Eintrag x_j gibt die Zahl der Sitze an, die der Partei j zugeteilt werden. Die Menge dieser Vektoren bezeichnen wir mit

$$\mathbb{N}^\ell(h) := \left\{ (x_1, \ldots, x_\ell) \in \mathbb{N}^\ell \mid x_+ = h \right\}.$$

Vektoren dieser Art sind aus der Kombinatorik bekannt. Dort werden sie als Besetzungszahlen gedeutet, um h ununterscheidbare Teilchen auf ℓ Fächer zu verteilen. Das ist auf $\binom{h+\ell-1}{\ell-1}$ Weisen möglich. Dies ist somit auch die Zahl der Sitzevektoren. Beispielsweise gibt es für den 18. Deutschen Bundestag mit $h = 631$ Sitzen und $\ell = 5$ Parteien über sechs Milliarden Sitzevektoren, $\binom{635}{4} = 6\,710\,772\,710$. Welche Sitzevektoren die Verhältnisse eines gegebenen Votenvektors treffend widerspiegeln, ist ohne eine solide Theorie nicht zu sehen.

Unsere Problemkonkretisierung, dass Parlamentssitze an Parteien zuzuteilen sind, dient nur als Denkschablone. Diese Interpretation des Zuteilungsproblems soll nicht verhehlen, dass dieselbe formale Fragestellung auch in anderen Situationen auftritt. Zum Beispiel stehen die Parlamente zu Beginn einer jeden Legislaturperiode vor der Entscheidung, die einzurichtenden Parlamentsausschüsse im Verhältnis der Fraktionsstärken zu besetzen. Die Hausgröße h meint dann die Ausschussgröße, die Parteien sind die Parlamentsfraktionen, der Votenindex v_j ist die Stärke der Fraktion j und die Parlamentssitze x_j sind deren Ausschusssitze.

Manche Wahlsysteme untergliedern das Wahlgebiet in Wahldistrikte $i = 1, \ldots, k$ und gehen dann bei der Sitzzuteilung zweistufig vor. In der ersten Stufe werden die h Gesamtsitze den Distrikten im Verhältnis ihrer Bevölkerungsgrößen (die dabei die Rolle von Votenindizes v_i einnehmen) zugeteilt. Erhält Distrikt i dann r_i Sitze, so werden in der zweiten Stufe r_i Sitze den Parteien $j = 1, \ldots, \ell$ im Verhältnis der Stimmen v_{ij} zugeteilt, die sie im Distrikt i erhalten haben. Somit wird für jeden Distrikt eine separate Zuteilungsrechnung durchgeführt, in der r_i die Rolle der Hausgröße h übernimmt. Das Sitzkontingent r_i des Distrikts i wird „Distriktgröße" (engl. district magnitude) genannt.

Jenseits der Thematik von Verhältniswahlen taucht das Zuteilungsproblem auch in der Prozentrechnung auf, wenn ein Vektor $v = (v_1, \ldots, v_\ell)$, der irgendwelche Maßzahlen enthält, in ganze Prozente umgerechnet werden soll. Es sind also $h = 100$ Prozentpunkte zu verteilen. Der Sitzevektor $x = (x_1, \ldots, x_\ell)$ ist nun ein Prozentevektor. Er liefert die gesuchten Prozentwerte in der Form $x_j/100$ und garantiert dabei, dass die Zähler sich genau zu einhundert aufsummieren, $x_+ = 100$. Werden Prozentangaben mit einer

Nachkommastelle gewünscht, sind stattdessen $h = 1\,000$ Promillpunkte zu verteilen. Die „Hausgröße" h könnte hier „Genauigkeit" genannt werden; sie ist der gemeinsame Nenner, der für die gesuchten rationalen Zahlen vorgegeben wird.

Unter allen „Zuteilungsmethoden" (engl. apportionment methods) ist die Klasse der Divisormethoden am wichtigsten. Divisormethoden folgen dem Motto „Teile und runde". Jede Rundungsregel $[\![\cdot]\!]$, so wie sie in Abschn. 1.8 eingeführt wurde, induziert eine zugehörige Divisormethode.

2.2 Divisormethoden

Bezeichnung. Die „Divisormethode mit Rundungsregel $[\![\cdot]\!]$" ist die Abbildung A, die einer Hausgröße $h \in \mathbb{N}$ und einem Votenvektor $(v_1, \ldots v_\ell) \in (0; \infty)^\ell$ die folgende Menge $A(h; v)$ von Sitzevektoren zuordnet:

$$A(h; v) := \left\{ (x_1, \ldots, x_\ell) \in \mathbb{N}^\ell(h) \;\middle|\; \text{Es gibt } D > 0: \quad x_1 \in \left[\!\!\left[\frac{v_1}{D} \right]\!\!\right], \ldots, x_\ell \in \left[\!\!\left[\frac{v_\ell}{D} \right]\!\!\right] \right\}.$$

Eine Divisormethode heißt „durchlässig", falls die zugrunde liegende Rundungsregel durchlässig ist; andernfalls heißt sie „undurchlässig".

Eine Divisormethode lässt sich folgendermaßen in Worte fassen. *Für jede Partei wird ihre Stimmenzahl durch denselben Divisor geteilt. Das Teilungsergebnis wird mit der festgelegten Rundungsregel gerundet. Das ergibt die Sitzzahl der betreffenden Partei. Die Wahlleitung bestimmt den Divisor so, dass bei diesem Vorgehen alle verfügbaren Sitze vergeben werden.*

Historische Prominenz genießen die fünf Divisormethoden, die zu den traditionellen Rundungsregeln gehören (Abschn. 1.10). Für diese ersetzen wir den abstrakten Methodenbezeichner A durch konkrete Akronyme:

Akronym	Methode
Traditionelle Divisormethoden	
DivAbr	Divisormethode mit Abrundung
DivStd	Divisormethode mit Standardrundung
DivGeo	Divisormethode mit geometrischer Rundung
DivHar	Divisormethode mit harmonischer Rundung
DivAuf	Divisormethode mit Aufrundung
Familien von Divisormethoden	
DivPot$_p$	Divisormethode mit Potenzmittel-Rundung, $p \in [-\infty; \infty]$
DivSta$_r$	Divisormethode mit stationärer Rundung, $r \in [0; 1]$

Die Divisormethoden mit Abrundung und Standardrundung sind durchlässig, die mit geometrischer Rundung, harmonischer Rundung und Aufrundung sind undurchlässig.

Die in der Definition versteckte Aufgabe, einen geeigneten Divisor zu bestimmen, ist dadurch begründet, dass Parlamentssitze unteilbar sind. Gäbe es nicht nur ganze Sitze, sondern auch Sitzbruchteile, so könnten wir auf den Rundungsschritt verzichten. Dann wäre der Divisor, der aus dem Gesamtstimmen-zu-Gesamtsitze-Verhältnis v_+/h besteht, direkt zielführend. Denn die ungerundeten Quotienten $v_j/(v_+/h) = (v_j/v_+)h$ summieren sich offensichtlich genau zur Hausgröße h.

In der realen Welt ist der Rundungsschritt nicht verzichtbar. Um die dann unvermeidlichen Rundungseffekte aufzufangen, darf ein Divisor vom Gesamtstimmen-zu-Gesamtsitze-Verhältnis abweichen. Andererseits bewegen sich die Rundungseffekte wegen des Lokalisierungsgebots, Abschn. 1.8b, in einem engen Rahmen. Dies nährt die Hoffnung, dass zulässige Divisoren vom Gesamtstimmen-zu-Gesamtsitze-Verhältnis nur wenig abweichen. Die effiziente Bestimmung eines geeigneten Divisors für gegebene Hausgröße h und Votenindizes $v_1, \ldots, v_\ell$ ist Thema des zweiten Teils dieses Kapitels (ab Abschn. 2.7).

2.3 Grundeigenschaften

Zunächst sei eine Hand voll von Grundeigenschaften verifiziert, die man bei jeder Zuteilungsmethode vernünftigerweise wohl gerne garantiert sehen möchte: Divisormethoden sind anonym, balanciert, konkordant, homogen und exakt.

Anonymität
Eine Zuteilungsmethode heißt „anonym", falls jede Umsortierung des Votenvektors v dieselbe Umsortierung für die Sitzevektoren $x \in A(h; v)$ nach sich zieht. Alle Divisormethoden sind anonym, wie aus der Definition sofort ersichtlich ist. Somit hängt das Zuteilungsergebnis nicht davon ab, in welcher Reihung die Parteien in die Rechnung eingehen. Wir machen von dieser Freiheit Gebrauch, indem wir meist die Parteien nach fallenden Stimmenzahlen ordnen, $v_1 \geq \cdots \geq v_\ell$. Die erste Partei $j = 1$ ist dann die nach Stimmen stärkste Partei, die zweite Partei $j = 2$ die zweitstärkste, und so weiter bis zur letzten Partei $j = \ell$, die stimmenmäßig am schwächsten dasteht. Bei einer Sitzzuteilung an Wahldistrikte könnten wir zwar die Distrikte ebenfalls nach fallenden Bevölkerungsgrößen reihen, aber das wäre kontraproduktiv. Bei Wahldistrikten hat sich meist eine feste Abfolge etabliert, die wir tunlichst beibehalten.

Balanciertheit
Eine Zuteilungsmethode heißt „balanciert", falls die Sitzzahlen zweier gleichstarker Parteien sich höchstens um einen Sitz unterscheiden:

$$v_j = v_k \quad \Rightarrow \quad |x_j - x_k| \leq 1.$$

Alle Divisormethoden sind balanciert. Denn bei einem Stimmengleichstand kommen die Sitzzahlen aus derselben Rundungsmenge, $x_j, x_k \in [\![v_j/D]\!] = [\![v_k/D]\!]$. Die Rundungsmenge ist entweder einelementig oder von der Form $\{n-1, n\}$. Somit können sich die

2.3 Grundeigenschaften

Sitzzahlen x_j und x_k höchstens um einen Sitz unterscheiden. Das beweist Balanciertheit. Dass es bei Gleichheit der Votenindizes nicht zielführend ist, ebenso Gleichheit der Sitzzahlen zu fordern, haben wir schon in Abschn. 1.3 erläutert. Ein-Sitz-Unterschiede müssen zugelassen werden, mehr aber auch nicht.

Konkordanz
Eine Zuteilungsmethode heißt „konkordant", falls von zwei Parteien die stärkere mindestens so viele Sitze bekommt wie die schwächere:

$$v_j > v_k \quad \Rightarrow \quad x_j \geq x_k.$$

Alle Divisormethoden sind konkordant, weil sie mengenmonoton sind (Abschn. 1.8). Man sollte meinen, dass Konkordanz eine absolute Selbstverständlichkeit ist. Dem ist nicht so. Es gibt auch „diskordante" Wahlsysteme. Diese Systeme lassen Situationen zu, in denen von zwei Parteien der stärkeren weniger Sitze zugeteilt werden als der schwächeren. Diskordante Sitzzuteilungen können herauskommen, wenn ein System mehrere Zuteilungsstufen umfasst, deren Rundungseffekte sich gegenläufig beeinflussen. Beispiele sind Wahlsysteme, die Listenverbindungen erlauben (PR 105).

Homogenität
Eine Zuteilungsmethode heißt „homogen", falls die Lösungsmenge konstant bleibt, wenn der Votenvektor skaliert wird:

$$A(h;v) = A(h;bv) \quad \text{für alle } b > 0.$$

Alle Divisormethoden sind homogen. Denn eine Skalierung der Votenindizes wird sofort neutralisiert, sobald der Divisor genauso skaliert wird. So liefern Stimmenzahlen v_j dieselben Sitzevektoren wie Stimmenanteile $w_j = v_j/v_+$. Aber Vorsicht: Oft werden in Wahlprotokollen die Stimmenanteile w_j als Dezimalzahlen mit nur einer oder nur zwei oder nur fünf Nachkommastellen angegeben. Diese ungenauen Angaben können Folgen zeitigen. Es ist sicherer, mit den Stimmenzahlen selbst zu rechnen.

Exaktheit
Eine Zuteilungsmethode heißt „exakt", falls jeder ganzzahlige Votenvektor, der die richtige Quersumme aufweist, als Lösung nur sich selbst reproduziert:

$$A(h;x) = \{x\} \quad \text{für alle } x \in \mathbb{N}^\ell(h).$$

Alle Divisormethoden sind exakt. Dies folgt aus der Links-rechts-Disjunktion, Abschn. 1.8c. Zum Beweis sei $x = (x_1, \ldots, x_\ell) \in \mathbb{N}^\ell(h)$ ein Sitzevektor. Das Lokalisierungsgebot, Abschn. 1.8b, impliziert $s(x_j) \leq x_j \leq s(x_j + 1)$, die Fundamentalbeziehung $x_j \in [\![x_j]\!]$. Der Divisor $D(x) = 1$ besagt, dass der Vektor x in seiner eigenen Lösungsmenge liegt, $x \in A(h;x)$. Eine zweite Lösung $x \neq y \in A(h;x)$ kann es nicht geben.

Gäbe es sie, müsste ihr Divisor eins sein. Denn im Fall $D(y) < 1 = D(x)$ sind wegen der Monotonie alle Komponenten y_j größer oder gleich den Komponenten x_j, was mit $y \neq x$ zum Widerspruch $h = y_+ > x_+ = h$ führt. Ebenso wird der Fall $D(y) > 1$ ausgeschlossen. Im verbleibenden Fall $D(y) = 1$ gehen die Sitzzahlen y_j ebenfalls durch Rundung aus x_j hervor, $y_j \in [\![x_j]\!]$. Ungleiche Vektoren mit gleicher Quersumme müssen zwei Komponenten $i \neq k$ besitzen, von denen die eine kleiner ist und die andere größer, $x_i < y_i$ und $x_k > y_k$. Rundungsregeln erlauben Zweideutigkeiten nur an Sprungstellen. Aus $x_i, y_i \in [\![x_i]\!]$ folgt deshalb $x_i + 1 = y_i = s(x_i + 1)$. Aus $x_k, y_k \in [\![x_k]\!]$ folgt $x_k - 1 = y_k = s(x_k)$. Aber die Links-rechts-Disjunktion verbietet die Gleichzeitigkeit von $s(x_i + 1) = x_i + 1$ und $s(x_k) = x_k - 1$. Da es keine zweite Lösung gibt, folgt $A(h; x) = \{x\}$. Insbesondere kann ein einmal erhaltener Sitzevektor x nicht durch wiederholte Anwendungen von Divisormethoden weiter verbessert werden. Er würde sich nur reproduzieren.

Diese Diskussion ist ein gutes Beispiel, dass zum Studium von Divisormethoden oft ein Rückgriff auf die Sprungstellenfolge angesagt ist, die mit der zugrunde liegenden Rundungsregel einhergeht. In diesem Sinn kommt der Max-Min-Ungleichung eine zentrale Stellung zu. Ohne Verweis auf einen Divisor bezieht die Ungleichung die Lösungsvektoren direkt auf die Sprungstellen. Quotienten mit verschwindendem Nenner werden wie üblich mit unendlich gleichgesetzt, $v_j / 0 := \infty$ für $v_j > 0$.

2.4 Max-Min-Ungleichung und Eindeutigkeit

Max-Min-Ungleichung *Gegeben seien eine Divisormethode A, zu deren Rundungsregel die Sprungstellenfolge $s(0), s(1), s(2), \ldots$ gehört, eine Hausgröße $h \in \mathbb{N}$ und ein Votenvektor $v \in (0; \infty)^\ell$.*

Ein Sitzevektor $x \in \mathbb{N}^\ell(h)$ mit Quersumme h ist ein Lösungsvektor, $x \in A(h; v)$, genau dann, wenn gilt
$$\max_{j \leq \ell} \frac{v_j}{s(x_j + 1)} \leq \min_{j \leq \ell} \frac{v_j}{s(x_j)}.$$

Beweis Ein Lösungsvektor $x \in A(h; v)$ liegt genau dann vor, wenn mit einem Divisor $D > 0$ für alle $j \leq \ell$ gilt $x_j \in [\![v_j / D]\!]$. Aus der Fundamentalbeziehung $s(x_j) \leq v_j / D \leq s(x_j + 1)$ erhalten wir $v_j / s(x_j + 1) \leq D \leq v_j / s(x_j)$. Also zieht die Existenz eines Divisors die Gültigkeit der Max-Min-Ungleichung nach sich. Umgekehrt ist bei Gültigkeit der Max-Min-Ungleichung jeder Wert zwischen dem linken Maximum und dem rechten Minimum ein zulässiger Divisor. □

Die Max-Min-Ungleichung ist außerordentlich ergiebig. Nicht nur charakterisiert sie die Sitzevektoren, die als Lösungsvektoren in Frage kommen. Wie der Beweis zeigt, fängt die Ungleichung auch genau diejenigen Divisoren ein, die in der abstrakten Definition des Abschn. 2.2 konkret auftreten können.

2.5 Zitierdivisor

Demgemäß ist im Fall, dass in der Max-Min-Ungleichung Gleichheit gilt, zur Beschreibung der Lösungsmenge $A(h; v)$ nur genau ein einziger Divisor D_0 möglich,

$$\max_{j \leq \ell} \frac{v_j}{s(x_j + 1)} = \min_{j \leq \ell} \frac{v_j}{s(x_j)} =: D_0.$$

Was hat es mit dem Gleichheitsfall auf sich? Allgemein entstammt der Quotient v_j/D_0 dem Intervall $[s(x_j); s(x_j + 1)]$ (Abschn. 1.8). Speziell hat eine Partei i, die das Maximum annimmt, einen Quotienten, der an seine rechte Sprungstelle gebunden ist, $v_i/D_0 = s(x_i + 1)$. Die Partei i könnte statt x_i Sitzen auch einen Sitz mehr bekommen, $x_i + 1$. Allerdings ist zu beachten, dass die Hausgröße h eingehalten werden muss. Aber es gibt auch eine zweite Partei k, die das Minimum annimmt und deren Quotient an seine linke Sprungstelle gebunden ist, $s(x_k) = v_k/D_0 > 0$. Die Partei k könnte statt $x_k \geq 1$ Sitzen auch einen Sitz weniger erhalten, $x_k - 1$. In Anbetracht dieser Bindungen hat der neue Vektor y, dessen Komponenten $y_i := x_i + 1$, $y_k := x_k - 1$ und $y_j := x_j$ für $j \neq i, k$ sind, dieselbe Quersumme h wie der alte Vektor x. Weil die Sitzevektoren x und y offensichtlich verschieden sind, enthält die Menge $A(h; v)$ zwei oder mehr Sitzevektoren und nicht nur einen einzigen. Mit einer ähnlichen Argumentation lässt sich auch die Umkehrung zeigen (PR 63): Wenn die Menge $A(h; v)$ zwei oder mehr Sitzevektoren umfasst, dann gilt in der Max-Min-Ungleichung Gleichheit.

Die Situation ist also die folgende. *Es gibt nur einen einzigen zulässigen Divisor D_0 genau dann, wenn es mindestens zwei Lösungsvektoren gibt.* Da diese Situationen aber nur bei mehreren und geeignet strukturierten Bindungen eintreten können, stellen sie seltene Ausnahmefälle dar. Die meisten Wahlgesetze schreiben in einem solchen Ausnahmefall einen Losentscheid vor.

Von größerem praktischen Interesse ist der komplementäre Sachverhalt, der den Regelfall beschreibt: *Es gibt nur einen einzigen Lösungsvektor x genau dann, wenn es mindestens zwei zulässige Divisoren gibt.* Dann gibt es aber sofort nicht nur zwei, sondern sogar ein echtes Intervall von Divisoren, die sich alle gleichermaßen zum Vollzug der Divisormethode anbieten. Im nächsten Abschnitt legen wir uns auf einen Zitierdivisor fest, der sich besonders gut zur Kommunikation eignet.

2.5 Zitierdivisor

Der Beweis der Max-Min-Ungleichung zeigt, dass für $x \in A(h; v)$ das „Divisorintervall"

$$D(v, x) := \left[\max_{j \leq \ell} \frac{v_j}{s(x_j + 1)} ; \min_{j \leq \ell} \frac{v_j}{s(x_j)} \right]$$

genau die Divisoren D enthält, die den Beziehungen $x_j \in [\![v_j/D]\!]$ in Definition 2.2 genügen. Wir werden die Untergrenze des Intervalls regelmäßig aufrunden (auf sechs

Tab. 2.1 *Divisorintervall und Divisor.* Die Divisormethode mit Abrundung führt zu einem Divisorintervall, das den ganzzahligen Divisor 63 160 zulässt. Für die Divisormethode mit Standardrundung ist das Divisorintervall so klein, dass nur gebrochene Divisoren zur Verfügung stehen

5BT1965	Zweitstimmen	Quotient	DivAbr	Quotient	DivStd
SPD	12 813 186	202.9	202	202.2	202
CDU	12 387 562	196.1	196	195.4997	195
CSU	3 136 506	49.7	49	49.5001	50
FDP	3 096 739	49.03	49	48.9	49
Summe (Divisor)	31 433 993	(63 160)	496	(63 363.6)	496
Divisorintervall		[63 119.2; 63 198.7]		[63 363.5; 63 363.7]	

signifikante Ziffern oder mehr, wenn notwendig) und die Obergrenze abrunden, um sicherzustellen, dass das ausgedruckte Divisorintervall tatsächlich nur aus zulässigen Divisorwerten besteht.

Da alle Werte in $D(v, x)$ gleichermaßen als Divisor dienen können, suchen wir uns für die Anwendungen einen schönen aus, um die Kommunikation zu erleichtern. Als „Zitierdivisor" wählen wir die Reduktion der Intervallmitte auf so wenige signifikante Ziffern, dass das Intervallinnere nicht verlassen wird. In unseren Tabellen wird der Zitierdivisor jeweils in der Fußzeile der Spalte „Quotient" in Klammern angegeben.

Wir illustrieren das Format mit der Wahl zum 5. Deutschen Bundestag 1965, siehe Tab. 2.1. Betrachten wir zunächst die beiden mittleren Spalten für die Divisormethode mit Abrundung. Die Sprungstellen sind $s(n) = n$. Der FDP-Quotient 49.03 lässt mit bloßem Auge erkennen, dass als Erstes die FDP einen Sitz verliert, wenn die Quotienten kleiner werden, weil die Divisoren wachsen. Also ergibt sich die Obergrenze des Divisorintervalls zu

$$\min_{j \leq 4} \frac{v_j}{s(x_j)} = \frac{v_{\text{FDP}}}{s(49)} = \frac{3\,096\,739}{49} = 63\,198.7551 \downarrow 63\,198.7.$$

Bei fallenden Divisoren und größer werdenden Quotienten wird der SPD-Quotient 202.9 als Erstes die Sprungstelle 203 erreichen. Die untere Grenze des Divisorintervalls ist

$$\max_{j \leq 4} \frac{v_j}{s(x_j + 1)} = \frac{v_{\text{SPD}}}{s(202 + 1)} = \frac{12\,813\,186}{203} = 63\,119.1429 \uparrow 63\,119.2.$$

Das Divisorintervall [63 119.2; 63 198.7] hat Intervallmitte (12 813 186/203 + 3 096 739/ 49)/2 = 63 158.949. Sie reduziert sich auf den Zitierdivisor 63 160 mit vier signifikanten Ziffern, weil sie mit nur drei signifikanten Ziffern 63 200 aus dem Divisorintervall herausfallen würde. Das Zuteilungsergebnis der Divisormethode mit Abrundung lässt sich mit dem Satz beschreiben: *Auf je 63 160 Zweitstimmen entfällt rund ein Sitz.*

Betrachten wir noch die Divisormethode mit Standardrundung in den beiden letzten Spalten. Die Sprungstellen sind nun $s(n) = n - 0.5$. Die Quotientenspalte zeigt, dass der letzte Sitz auf die CSU entfiel, während der nächste Sitz an die CDU ginge. Das führt zu den Grenzen des Divisorintervalls und zum Zitierdivisor wie folgt:

$$\min_{j \leq 4} \frac{v_j}{s(x_j)} = \frac{v_{\text{CSU}}}{s(50)} = \frac{3\,136\,506}{49.5} = 63\,363.7576 \downarrow 63\,363.7,$$

$$\max_{j \leq 4} \frac{v_j}{s(x_j + 1)} = \frac{v_{\text{CDU}}}{s(195 + 1)} = \frac{12\,387\,562}{195.5} = 63\,363.4885 \uparrow 63\,363.5.$$

Dies ergibt den Zitierdivisor $(12\,387\,562/195.5 + 3\,136\,506/49.5)/2 = 63\,363.623 \to 63\,363.6$. Das Zuteilungsergebnis der Divisormethode mit Standardrundung lautet: *Auf je 63 363.6 Zweitstimmenbruchteile entfällt rund ein Sitz*. Da das Divisorintervall keinen ganzzahligen Wert anbietet, kann auch der Zitierdivisor 63 363.3 nicht ganzzahlig sein. Solche Fälle sind in der Praxis eher selten.

2.6 Inkrementierung, Dekrementierung und Existenz

Das vorstehende Beispiel lehrt allgemein, wer die „Inkrementierungskandidaten" sind, die den nächsten Sitz beanspruchen können. Es sind diejenigen Parteien, deren Sitzzahlen die Untergrenze des Divisorintervalls bestimmen:

$$I(v, x) := \left\{ i \leq \ell \,\bigg|\, \frac{v_i}{s(x_i + 1)} = \max_{j \leq \ell} \frac{v_j}{s(x_j + 1)} \right\}.$$

Denn unterschreitet der Divisor die Untergrenze, wachsen die Quotienten so stark, dass die Zahl der Sitze zunimmt. Der nächste Sitz geht an einen Inkrementierungskandidaten.

Analog sind die „Dekrementierungskandidaten" diejenigen Parteien, deren Sitzzahlen die Obergrenze des Divisorintervalls festlegen:

$$K(v, x) := \left\{ k \leq \ell \,\bigg|\, \frac{v_k}{s(x_k)} = \min_{j \leq \ell} \frac{v_j}{s(x_j)} \right\}.$$

Denn überschreitet der Divisor die Obergrenze, fallen die Quotienten so stark, dass die Zahl der Sitze abnimmt. Der Sitzverlust trifft einen der Dekrementierungskandidaten.

Ausgehend von einem Sitzevektor $x \in A(h; v)$ für Hausgröße h ist es nun ein Leichtes, diesen Vektor in Sitzevektoren für die Hausgrößen $h + 1$ und $h - 1$ abzuwandeln,

$$(x_1, \ldots, x_{i-1}, x_i + 1, x_{i+1}, \ldots, x_\ell) \in A(h + 1; v) \quad \text{für alle } i \in I(v, x),$$
$$(x_1, \ldots, x_{k-1}, x_k - 1, x_{k+1}, \ldots, x_\ell) \in A(h - 1; v) \quad \text{für alle } k \in K(v, x).$$

Der hybride Charakter dieser Strategien ist bemerkenswert. Zwar ist der Ausgangsvektor $x \in A(h; v)$ durch Skalierung des Votenvektors v mit einem geeigneten Divisor und Rundung definiert. Aber die Schritte einer Inkrementierung auf Hausgröße $h + 1$ oder einer Dekrementierung auf Hausgröße $h - 1$ operieren divisorfrei. Selbstverständlich können wir für so konstruierte Sitzevektoren schlussendlich ebenfalls den Zitierdivisor bestimmen und bekannt machen, wenn wir wollen.

Die Idee der Inkrementierung ermöglicht den (noch ausstehenden) Nachweis, dass die Mengen $A(h; v)$ in der Definition von Divisormethoden nichtleer sind. Für durchlässige Methoden $(s(1) > 0)$ starten wir bei $h = 0$. Der Divisor $D := 1 + \max_{j \leq \ell} v_j / s(1)$ liefert wegen $D > v_j / s(1)$ und $v_j / D < s(1)$ den Sitzevektor $x = (0, \ldots, 0) \in A(0; v)$. Also ist die Menge $A(0; v)$ nichtleer. Nun können wir uns via Inkrementierung hochhangeln und sehen, dass für alle Hausgrößen $h \geq 0$ die Mengen $A(h; v)$ nichtleer sind.

Für undurchlässige Methoden $(s(1) = 0)$ machen Hausgrößen kleiner als ℓ keinen Sinn, da alle Votenindizes als positiv vorausgesetzt sind und deshalb jede der ℓ Parteien mindestens einen Sitz bekommt. Also starten wir bei $h = \ell$. Der Divisor $D := 1 + \max_{j \leq \ell} v_j / s(2)$ liefert wegen $D > v_j / s(2)$ und $v_j / D < s(2)$ den Vektor $x = (1, \ldots, 1) \in A(\ell; v)$. Also ist die Menge $A(\ell; v)$ nichtleer. Sitzweise Inkrementierung stellt wiederum sicher, dass für alle Hausgrößen $h \geq \ell$ die Mengen $A(h; v)$ nichtleer sind.

2.7 Diskrepanzabbau-Algorithmus

Im zweiten Teil des Kapitels wenden wir uns der Bestimmung eines Sitzevektors x in der Lösungsmenge $A(h; v)$ zu. Da es keine geschlossenen Formeln dafür gibt, müssen alle Berechnungsverfahren iterativ vorgehen. Alle gängigen Berechnungsverfahren für Divisormethoden haben die gemeinsame Struktur des folgenden „Diskrepanzabbau-Algorithmus". Die Rechnung beginnt mit irgendeinem Anfangsdivisor $D_{\text{Init}} > 0$ und bildet aus den Rundungen $y_j \in [\![v_j / D_{\text{Init}}]\!]$ den Anfangsvektor $y = (y_1, \ldots, y_\ell)$. Die Quersumme y_+ entscheidet, mit welcher Alternative a–c es weiter geht:

a. Wenn die Quersumme y_+ gleich der Hausgröße ist, dann ist der Anfangsvektor ein Lösungsvektor, $x = y$.
b. Wenn die Quersumme y_+ kleiner als die Hausgröße ist, dann erhält ein Inkrementierungskandidat $i \in I(v, y)$ einen Sitz mehr. Die Inkrementierung wird solange wiederholt, bis ein Lösungsvektor x mit Quersumme $x_+ = h$ erreicht ist.
c. Wenn die Quersumme y_+ größer als die Hausgröße ist, dann bekommt ein Dekrementierungskandidat $k \in K(v, y)$ einen Sitz weniger. Die Dekrementierung wird solange fortgesetzt, bis ein Lösungsvektor x mit Quersumme $x_+ = h$ erreicht ist.

Für den erhaltenen Lösungsvektor x wird zuletzt noch der Zitierdivisor D bestimmt (Abschn. 2.5). Dann lässt sich das Ergebnis in die Worte fassen: *Auf je D Stimmen[bruchteile] entfällt rund ein Sitz.* Der Satz ermöglicht die Nachprüfung, dass der Sitzevektor x tatsächlich in der Lösungsmenge $A(h;v)$ liegt, ohne den algorithmischen Rechenweg zu wiederholen. Die Nachprüfung folgt dem Motto „Teile und runde".

Der Name „Diskrepanzabbau-Algorithmus" verweist auf die anfängliche „Diskrepanz" $y_+ - h$. Sie zeigt an, um wie viele Sitze der Anfangsvektor y die Hausgröße h verfehlt. Der Algorithmus baut die Diskrepanz ab, bis sie verschwindet.

Die algorithmische Berechnung der Sitzzahlen stellt für Autoren ohne quantitative Schulung eine Herausforderung dar, die oft mehr schlecht als recht gemeistert wird. Es ist ein Irrglaube zu meinen, unterschiedliche Initialisierungen des Diskrepanzabbau-Algorithmus würden unterschiedliche Zuteilungsmethoden definieren. Nur der Rechenweg fällt damit kürzer oder länger aus, aber die Methode ist dieselbe. Auch kann keiner, der wegen ungünstiger Rechenvorschriften überlange arbeitet, größere Expertise beanspruchen als jemand, der mit geschicktem Vorgehen die Rechnung schnell erledigt. Wer langsam rechnet, rechnet deshalb nicht besser.

2.8 Empfohlener Anfangsdivisor

Der Einsatz des Diskrepanzabbau-Algorithmus sollte nicht überhastet werden. Es ist gewinnbringend, vorher über eine geschickte Auswahl des Anfangsdivisors nachzudenken. Für stationäre Divisormethoden mit Split $r \in [0;1]$ gibt es eine klare Aussage, welcher Anfangsdivisor D_{Init} sich empfiehlt.

Zur Herleitung starten wir mit einem beliebigen Divisor $D > 0$ und den Rundungswerten $y_j \in [\![v_j/D]\!]$. Laut Fundamentalbeziehung liegen die skalierten Votenindizes v_j/D im Intervall $[s_r(y_j); s_r(y_j + 1)]$. Die Gestalt der stationären Sprungstellen liefert $y_j - 1 + r \leq v_j/D \leq y_j + r$. Summation über alle Parteien $j \leq \ell$ ergibt die Ungleichungskette $y_+ - \ell + \ell r \leq v_+/D \leq y_+ + \ell r$. Mit der „adjustierten Hausgröße"

$$h_r := h + \ell\left(r - \frac{1}{2}\right)$$

definieren wir den „empfohlenen Anfangsdivisor" $D_{\text{Init}} = v_+/h_r$. Mit D_{Init} an Stelle von D vereinfacht sich die letzte Ungleichungskette zu $y_+ - \ell/2 \leq h \leq y_+ + \ell/2$. Da die Diskrepanz $y_+ - h$ ganzzahlig ist, erhalten wir sogar

$$D_{\text{Init}} = \frac{v_+}{h_r} \quad \Rightarrow \quad y_+ - h \in \left\{-\left\lfloor\frac{\ell}{2}\right\rfloor, \ldots, \left\lfloor\frac{\ell}{2}\right\rfloor\right\}.$$

Mit dem empfohlenen Anfangsdivisor v_+/h_r erreicht der Diskrepanzabbau-Algorithmus das Ergebnis in höchstens halb so vielen Schritten, wie Parteien an der Rechnung teilnehmen. Insbesondere hängt die Schrittzahl nicht von der Hausgröße h ab!

Für die Divisormethode mit Standardrundung ($r = 1/2$) bleibt die Adjustierung der Hausgröße unsichtbar, $h_{1/2} = h$. Der empfohlene Anfangsdivisor v_+/h ist schlicht und einfach das Gesamtstimmen-zu-Gesamtsitze-Verhältnis.

Bei allen anderen stationären Divisormethoden zeitigt die Adjustierung Wirkung. Bei der Divisormethode mit Abrundung ($r = 1$) lautet die adjustierte Hausgröße $h_1 = h + \ell/2$. Es ist plausibel, warum das so ist. Bei der Abrundung wird nicht nur die Intervallhälfte mit den kleineren Werten abgerundet, sondern auch die andere Hälfte mit den größeren Werten. Auf lange Sicht und im Durchschnitt lässt dieses Vorgehen für jede Partei eine Unterdeckung von einem halben Sitz erwarten. Die erwartete Unterdeckung von $\ell/2$ Sitzbruchteilen wird von der Adjustierung antizipiert und die Hausgröße entsprechend aufgestockt. Dies motiviert den Divisor $v_+/(h + \ell/2)$.

Die Divisorempfehlung $v_+/(h + \ell/2)$ für die Divisormethode mit Abrundung ist altehrwürdig. Sie wurde schon von Jules Gfeller (1890) vorgeschlagen:

„... on obtiendra le diviseur au moyen de la division du total des suffrages par le nombre des candidats *plus la moitié du nombre des listes*."
... man erhält den Divisor vermittels Division der Gesamtstimmen durch die Gesamtsitze *plus der Hälfte der Zahl der Listen*.

Wir illustrieren die Rechenschritte mit der Wahl zum Europäischen Parlament in Österreich 2009. Für die $h = 17$ Sitze entfielen $v_+ = 2\,825\,027$ Stimmen auf $\ell = 6$ Parteien. Der empfohlene Anfangsdivisor bei Abrundung ist also

$$D_{\text{Init}} = \frac{v_+}{h + \ell/2} = \frac{2\,825\,027}{17 + 6/2} = 141\,251.4.$$

Abrundung der Quotienten v_j/D_{Init} führt zum Anfangsvektor $y = (6, 4, 3, 2, 2, 0)$. Da hiermit schon 17 Sitzen vergeben werden, $y_+ = 17$, ist der Anfangsvektor die gesuchte Lösung, $x = y$. Weder ist Inkrementierung angesagt noch Dekrementierung.

$D_{\text{Init}} = v_+/h_1$	ÖVP	SPÖ	MARTIN	FPÖ	GRÜNE	BZÖ	Summe (Divisor)
Stimmen v_j	858 921	680 041	506 092	364 207	284 505	131 261	2 825 027
Quotient	6.1	4.8	3.6	2.6	2.01	0.9	(141 251.4)
Endsitze x_j	6	4	3	2	2	0	17
Abschließende Bestimmung des Zitierdivisors							
$v_j/s(x_j)$	143 153.5	170 010.3	168 697.3	182 103.5	142 252.5•	∞	(• = min)
$v_j/s(x_j+1)$	122 703.0	136 008.2•	126 523.0	121 402.3	94 835.0	131 261.0	(• = max)
Divisorintervall = [136 009; 142 252], Intervallmitte = 139 130.4, Zitierdivisor = 140 000							

Die abschließende Bestimmung des Zitierdivisors 140 000 lohnt sich, da dieser sich besser einprägt als der Anfangsdivisor 141 251.4. Das Ergebnis lässt sich zusammenfassen in dem Satz: *Auf je 140 000 Stimmen entfällt rund ein Sitz.* Siehe Tab. 2.2.

Tab. 2.2 Wahl zum Europäischen Parlament in Österreich 2009. Bei der Divisormethode mit Abrundung entfällt auf je 140 000 Stimmen rund einer der 17 Sitze

EP2009AT	Stimmen	Quotient	DivAbr
ÖVP	858 921	6.1	6
SPÖ	680 041	4.9	4
MARTIN	506 092	3.6	3
FPÖ	364 207	2.6	2
GRÜNE	284 505	2.03	2
BZÖ	131 261	0.9	0
Summe (Divisor)	2 825 027	(140 000)	17

2.9 Universeller Anfangsdivisor

Für allgemeine Divisormethoden empfiehlt sich als „universeller Anfangsdivisor" das Gesamtstimmen-zu-Gesamtsitze-Verhältnis, $D_{\text{univ}} := v_+/h$. Die Anfangssitze $y_j \in [\![v_j/D_{\text{univ}}]\!]$ implizieren wegen $v_j/D_{\text{univ}} \in [s(y_j); s(y_j + 1)]$ die Schranken $y_j - 1 \leq v_j/D_{\text{univ}} \leq y_j + 1$. Summation über $j \leq \ell$ und Einsetzen von $v_+/D_{\text{univ}} = h$ ergibt $y_+ - \ell \leq h \leq y_+ + \ell$ und

$$y_+ - h \in \{-\ell, \ldots, \ell\}.$$

Die Diskrepanz ist beschränkt durch die Größe des Parteiensystems. Auch hier hängt die Schrittzahl des Algorithmus nicht von der Hausgröße h ab.

Wir illustrieren das Vorgehen wieder mit der österreichischen EP-Wahl 2009. Das Gesamtstimmen-zu-Gesamtsitze-Verhältnis ist $D = 2\,825\,027/17 = 166\,178.1$. Abrundung der Quotienten v_j/D ergibt den Anfangsvektor $y = (5, 4, 3, 2, 1, 0)$. Er verpasst die Zielgröße 17 um zwei Sitze, $y_+ = 15 < 17$. Der Diskrepanzabbau-Algorithmus muss zwei Sitze inkrementieren. Die Inkrementierungskandidaten $I(v, y)$ werden anhand der Vergleichszahlen $v_j/(y_j + 1)$ identifiziert. Die höchste Vergleichszahl ist mit einem vorlaufenden Punkt (•) markiert und benennt die Partei, die den nächsten Sitz bekommt. Der sechzehnte Sitz geht an die ÖVP, der siebzehnte an die GRÜNEN.

$D_{\text{univ}} = v_+/h$	ÖVP	SPÖ	MARTIN	FPÖ	GRÜNE	BZÖ	Summe (Divisor)
Stimmen v_j	858 921	680 041	506 092	364 207	284 505	131 261	2 825 027
Quotient	5.2	4.1	3.05	2.2	1.7	0.8	(166 178.1)
Anfangssitze y_j	5	4	3	2	1	0	15
	/(5+1)=	/(4+1)=	/(3+1)=	/(2+1)=	/(1+1)=	/(0+1)=	Inkrement:
Sitz 16	•143 153.5	136 008.2	126 523.0	121 402.3	142 252.5	131 261.0	ÖVP
	/(6+1)=						
Sitz 17	122 703.0	136 008.2	126 523.0	121 402.3	•142 252.5	131 261.0	GRÜNE
Endsitze x_j	6	4	3	2	2	0	17
		Abschließende Bestimmung des Zitierdivisors					
$v_j/s(x_j)$	143 153.5	170 010.3	168 697.3	182 103.5	142 252.5•	∞	(• = min)
$v_j/s(x_j + 1)$	122 703.0	136 008.2•	126 523.0	121 402.3	94 835.0	131 261.0.0	(• = max)

Divisorintervall = [136 009; 142 252], Intervallmitte = 139 130.4, Zitierdivisor = 140 000

Ist der Lösungsvektor x gewonnen, wird mit demselben Abspann wie vorher der Zitierdivisor 140 000 bestimmt. Im Endergebnis erhalten wir wieder Tab. 2.2.

2.10 Schlechter Anfangsdivisor

Die unvorteilhafteste Initialisierung beginnt mit einem Divisor, der unendlich ist oder jedenfalls so groß, dass alle Quotienten unter die kleinste positive Sprungstelle gedrückt werden. Dann werden am Anfang keine Sitze zugeteilt (oder bei Undurchlässigkeit: nur je einer). In den anschließenden Inkrementierungsrunden wird ein Sitz nach dem anderen ausgegeben, bis die Hausgröße h erreicht ist. Der Rechenweg entartet zu einem Marathonlauf.

$D_{\text{Init}} = \infty$	ÖVP	SPÖ	MARTIN	FPÖ	GRÜNE	BZÖ	Summe
Stimmen v_j	858 921	680 041	506 092	364 207	284 505	131 261	2 825 027
Quotient	0	0	0	0	0	0	
Anfangssitze y_j	0	0	0	0	0	0	0
	/(0+1)=	/(0+1)=	/(0+1)=	/(0+1)=	/(0+1)=	/(0+1)=	Inkrement:
Sitz 1	•858 921.0	680 041.0	506 092.0	364 207.0	284 505.0	131 261.0	ÖVP
	/(1+1)=						
Sitz 2	429 460.5	•680 041.0	506 092.0	364 207.0	284 505.0	131 261.0	SPÖ
		/(1+1)=					
Sitz 3	429 460.5	340 020.5	•506 092.0	364 207.0	284 505.0	131 261.0	MARTIN
			/(1+1)=				
Sitz 4	•429 460.5	340 020.5	253 046.0	364 207.0	284 505.0	131 261.0	ÖVP
	/(2+1)=						
Sitz 5	286 307.0	340 020.5	253 046.0	•364 207.0	284 505.0	131 261.0	FPÖ
				/(1+1)=			
Sitz 6	286 307.0	•340 020.5	253 046.0	182 103.5	284 505.0	131 261.0	SPÖ
		/(2+1)=					
Sitz 7	•286 307.0	226 680.3	253 046.0	182 103.5	284 505.0	131 261.0	ÖVP
	/(3+1)=						
Sitz 8	214 730.3	226 680.3	253 046.0	182 103.5	•284 505.0	131 261.0	GRÜNE
					/(1+1)=		
Sitz 9	214 730.3	226 680.3	•253 046.0	182 103.5	142 252.5	131 261.0	MARTIN
			/(2+1)=				
Sitz 10	214 730.3	•226 680.3	168 697.3	182 103.5	142 252.5	131 261.0	SPÖ
		/(3+1)=					
Sitz 11	•214 730.3	170 010.3	168 697.3	182 103.5	142 252.5	131 261.0	ÖVP
	/(4+1)=						
Sitz 12	171 784.2	170 010.3	168 697.3	•182 103.5	142 252.5	131 261.0	FPÖ
				/(2+1)=			
Sitz 13	•171 784.2	170 010.3	168 697.3	121 402.3	142 252.5	131 261.0	ÖVP
	/(5+1)=						
Sitz 14	143 153.5	•170 010.3	168 697.3	121 402.3	142 252.5	131 261.0	SPÖ
		/(4+1)=					
Sitz 15	143 153.5	136 008.2	•168 697.3	121 402.3	142 252.5	131 261.0	MARTIN
			/(3+1)=				
Sitz 16	•143 153.5	136 008.2	126 523.0	121 402.3	142 252.5	131 261.0	ÖVP
	/(6+1)=						
Sitz 17	122 703.0	136 008.2	126 523.0	121 402.3	•142 252.5	131 261.0	GRÜNE
Endsitze x_j	6	4	3	2	2	0	17
		Abschließende Bestimmung des Zitierdivisors					
$v_j/s(x_j)$	143 153.5	170 010.3	168 697.3	182 103.5	142 252.5•	∞	(• = min)
$v_j/s(x_j+1)$	122 703.0	136 008.2•	126 523.0	121 402.3	94 835.0	131 261.0	(• = max)

Divisorintervall = [136 009; 142 252], Intervallmitte = 139 130.4, Zitierdivisor = 140 000

Der Anfangsdivisor $D_{\text{Init}} = \infty$ zwingt dem Diskrepanzabbau-Algorithmus h Inkrementierungsschritte auf. Der Rechenaufwand wächst linear mit der Hausgröße! Für die

631 Bundestagssitze wäre die Tabelle eine seitenfüllende Angelegenheit. Unglücklicherweise ist dieser ineffiziente Rechenweg der populärste. Er findet sich in vielen Büchern über Wahlsysteme und leider auch in vielen Gesetzestexten.

2.11 Höchste Vergleichszahlen

Viele Einträge in der vorstehenden Auflistung wiederholen sich und wirken wie eine Verschwendung von Druckerschwärze. Nur die markierten Einträge sind wirklich wichtig. Dazu lesen wir jede Spalte einzeln von oben nach unten. Bei der ersten Marke • wird durch die erste Sprungstelle geteilt, bei der zweiten durch die zweite, bei der dritten durch die dritte und so weiter. Dieser Extrakt erzeugt eine Tabelle, die in der n-ten Zeile die „Vergleichszahlen" (engl. comparative figures) $v_1/s(n), \ldots, v_\ell/s(n)$ enthält. Die zu vergebenden h Sitze werden denjenigen Parteien zugeteilt, zu denen die h höchsten Vergleichszahlen gehören. Der jeweilige Rangplatz einer Vergleichszahl ist nach dem Bindestrich in Kursivdruck $1, \ldots, 17$ mitgeführt:

Vergleichs-zahlen	ÖVP	SPÖ	MARTIN	FPÖ	GRÜNE	BZÖ
	858 921	680 041	506 092	364 207	284 505	131 261
$v_j/s(1)$	858 921.0-*1*	680 041.0-*2*	506 092.0-*3*	364 207.0- *5*	284 505.0-*8*	131 261.0
$v_j/s(2)$	429 460.5-*4*	340 020.5-*6*	253 046.0-*9*	182 103.5-*12*	142 252.5-*17*	
$v_j/s(3)$	286 307.0-*7*	226 680.3-*10*	168 697.3-*15*	121 402.3	94 835.0	
$v_j/s(4)$	214 730.3-*11*	170 010.3-*14*	126 523.0			
$v_j/s(5)$	171 784.2-*13*	136 008.2				
$v_j/s(6)$	143 153.5-*16*					
$v_j/s(7)$	122 703.0					
Endsitze x_j	6	4	3	2	2	0
	Abschließende Bestimmung des Zitierdivisors					
$v_j/s(x_j)$	143 153.5	170 010.3	168 697.3	182 103.5	142 252.5=min	∞
$v_j/s(x_j+1)$	122 703.0	136 008.2=max	126 523.0	121 402.3	94 835.0	131 261.0.0

Divisorintervall = [136 009; 142 252], Intervallmitte = 139 130.4, Zitierdivisor = 140 000

Trotz Kompaktifizierung bleibt das Wachstum der Vergleichszahlentabelle linear in der Hausgröße. Bezeichnet w_1 den Stimmenanteil der stärksten Partei, so braucht die Tabelle etwa $w_1 h$ Zeilen. Im 18. Deutschen Bundestag erhält die stärkste Partei 255 Sitze. Die Tabelle hätte über zweihundertfünfzig Zeilen und würde viele Druckseiten füllen. Wer nicht schon vorher versteht, was passiert, wird aus der Vergleichszahlentabelle nichts dazulernen.

Dass selbst Experten irregeleitet werden, machen die entstellten Sprachregelungen klar, die aus dem Gebrauch von Vergleichszahlen abgeleitet werden. „Höchste Vergleichszahlen" heißen im Englischen *highest averages*. Der Begriff *averages* will auf Durchschnitte von Stimmen und Sitzen verweisen. Das trifft ins Schwarze, wenn die Sprungstellen $s(n)$ ganze Zahlen sind wie bei Ab- oder Aufrundung, sonst aber nicht. Im Allgemeinen wird nicht durch Sitzzahlen geteilt, sondern durch Sprungstellen.

Die Standardrundung beruht auf der Sprungstellenfolge $0.5, 1.5, 2.5, \ldots$ Um diese Methode ebenfalls in das Prokrustesbett von *highest averages* zu zwängen, wird sie durch die Folge $1, 3, 5, \ldots$ ersetzt. Die Reihung der Vergleichszahlen ändert sich nicht, das Sitzzuteilungsergebnis bleibt dasselbe. In Anbetracht dieses verkünstelten Rechenwegs wird die Divisormethode mit Standardrundung umgetauft und bekommt dann den Namen „Methode der ungeraden Teiler" (engl. odd-number method).

Dies legt sofort die Frage nahe, ob es auch eine „Methode der geraden Teiler" (engl. even-number method) gibt. Doch, die gibt es auch. Denn die Folge der Teiler $2, 4, 6, \ldots$ ist hinsichtlich der Reihung der Vergleichszahlen äquivalent mit der Folge der Teiler $1, 2, 3, \ldots$ Das sind die Sprungstellen der Abrundungsregel. Die Methode der geraden Teiler ist dieselbe wie die Divisormethode mit Abrundung.

Es ist ein Treppenwitz der Weltgeschichte, dass die Divisormethode mit Abrundung allzu oft als „Höchstzahlverfahren" angepriesen wird: *Die h Sitze bekommen die Parteien mit den h höchsten Vergleichszahlen, die sich ergeben, wenn die Votenzahlen der Parteien fortlaufend durch $1, 2, 3, \ldots$ geteilt werden.* Diese Beschreibung lässt die Anwender mit einem Rechenweg allein, der stupide und ineffizient ist und der rein gar nichts von der Struktur vermittelt, die dem Verfahren zu eigen ist. Dagegen lässt sich der Name „Divisormethode mit Abrundung" beim Wort nehmen: *Jede Partei bekommt so viele Sitze, wie der abgerundete Quotient aus Votenzahl und Wahlschlüssel angibt. Der Wahlschlüssel wird so bestimmt, dass mit ihm alle h Sitze zugeteilt werden.*

2.12 Autoritäten

Experten sind oft auch Anhänger personifizierter Methodennamen. Damit soll an Autoritäten erinnert werden, die sich um die Methoden Verdienste erworben haben. Allerdings gibt es keine Einigkeit, wer im Einzelfall als Namenspatron zu ehren ist. So wird die Divisormethode mit Abrundung in der angelsächsischen Literatur die „Jefferson-Methode" genannt, in der europäischen Literatur die „D'Hondt-Methode" und in der Schweiz die „Hagenbach-Bischoff-Methode". Hier ist eine Liste von Berühmtheiten, die mit den fünf traditionellen Divisormethoden in Verbindung gebracht werden:

DivAbr *Thomas Jefferson* (1743–1826), Mitverfasser der Unabhängigkeitserklärung der USA, dritter US-Präsident 1801–1809
Victor D'Hondt (1841–1901), Juraprofessor an der Universität in Gent, Mitbegründer der belgischen Association réformiste pour l'adoption de la représentation proportionnelle 1881
Eduard Hagenbach-Bischoff (1833–1910), Physikprofessor an der Universität Basel und Kantonspolitiker

DivStd *Daniel Webster* (1782–1852), US-amerikanischer Staatsmann, Senator des Bundesstaates Massachusetts, US-Außenminister
Jean-André Sainte-Laguë (1882–1950), Mathematikprofessor am Conservatoire national des arts et métiers, Paris

2.12 Autorität en

    Hans Schepers (geb. 1928), Physiker, Leiter der Gruppe Datenverarbeitung im Wissenschaftlichen Dienst des Deutschen Bundestages

DivGeo *Joseph Adna Hill* (1860–1938), Statistiker, Assistant Director of the Census, US Bureau of the Census

    Edward Vermilye Huntington (1874–1952), Mathematikprofessor an der Universität Harvard, Cambridge, Massachusetts

DivHar *James Dean* (1776–1849), Professor für Astronomie und Mathematik an der Universität von Vermont, Burlington, Vermont

DivAuf *John Quincy Adams* (1767–1848), US-amerikanischer Staatsmann, sechster US-Präsident 1825–1829

Wir finden, dass die Berufung auf Autoritäten nichts zum Verständnis beiträgt. Stattdessen bleiben wir bei den zwar länglichen Bezeichnungen wie *Divisormethode mit Standardrundung*, die aber dafür eine inhaltliche Systematik erkennen lassen. Sie haben den unschätzbaren Vorteil, auf die durchzuführenden Verfahrensschritte hinzuweisen und so auch Nichtexperten eine helfende Orientierung zu bieten.

Sitzverzerrungen 3

Zusammenfassung

Die mit einer Zuteilungsmethode einhergehenden Sitzverzerrungen zeigen auf, wie im Durchschnitt die Sitzzahl einer Partei und ihr Idealanspruch an Sitzen voneinander abweichen. Für stationäre Divisormethoden macht eine aussagekräftige Formel deutlich, wie Splittparameter, Parteienstärke und Eintrittshürde die Verzerrungen beeinflussen. Einzig die Divisormethode mit Standardrundung erweist sich als unverzerrt; kein Beteiligter wird systematisch bevorzugt und keiner systematisch benachteiligt. Dagegen ist die Divisormethode mit Abrundung verzerrt zugunsten stärkerer Parteien und zulasten schwächerer. Umgekehrt ist die Divisormethode mit Aufrundung verzerrt zugunsten der schwächeren Teilnehmer und zulasten der stärkeren.

3.1 Idealanspruch und Sitzexzess

Wahlgesetze bleiben oft über einen längeren Zeitraum unverändert. Bei wiederholter Anwendung eines Verfahrens zur Verrechnung von Stimmen in Mandate stellt sich die Frage, ob systematische Effekte erkennbar werden, die für die Wählerschaft, Kandidaten oder Parteien von Interesse sein könnten. Zum Beispiel treten solche Effekte bei der Divisormethode mit Abrundung auf, einem traditionsreichen Zuteilungsverfahren. Schon seit seiner Einführung im 18. und 19. Jahrhundert war bekannt, dass diese Methode stärkeren Parteien Sitzvorteile verschafft. Da in einer Verteilungsrechnung mit fester Gesamtsitzzahl alle Unwuchten, die in eine Richtung gehen, austariert werden müssen durch Unwuchten in die Gegenrichtung, impliziert ein Vorteil für stärkere Parteien notgedrungen einen Nachteil für schwächere Parteien. Ein Mehr an Sitzen an einer Stelle kann nur ausgeglichen werden durch ein Weniger an Sitzen anderswo.

Wenn Sitze auch in Bruchteilen verfügbar wären, würde bei h Gesamtsitzen eine Partei j mit Stimmenanteil w_j idealerweise $w_j h$ Sitzbruchteile erhalten (Abschn. 2.2). Wir nennen $w_j h$ den „Idealanspruch an Sitzen" (engl. ideal share of seats) für die Partei j.

Dieses Ideal ist wegen der Ganzzahligkeit der Sitzzahlen praktisch nicht erreichbar. Die tatsächliche Sitzzahl x_j wird im Allgemeinen vom Idealanspruch $w_j h$ abweichen. Die auftretende Differenz nennen wir Sitzexzess.

Bezeichnung. Der „Sitzexzess" von Partei j bezeichnet die Differenz zwischen realer Sitzzahl dieser Partei und ihrem Idealanspruch, $x_j - w_j h$.

Bei einer einzelnen Anwendung sind die Sitzexzesse wenig aussagekräftig. Da die Sitzzahlen x_j immer ganz sind und die Idealansprüche $w_j h$ meist gebrochen, werden die Sitzexzesse fast nie verschwinden. Einige Exzesse sind positiv, diese Parteien genießen einen kleinen Vorteil von einigen Sitzbruchteilen. Weil alle Sitzexzesse zusammen sich zu null aufsummieren, $x_+ - w_+ h = h - h = 0$, müssen im Gegenzug einige andere Exzesse negativ sein und signalisieren Benachteiligung.

Wenn aber bei wiederholten Anwendungen zu erwarten ist, dass Vorteile stets einer Gruppe von Beteiligten zugutekommen und Nachteile nur die anderen treffen, dann sind solche Verzerrungen wohl der Rede wert. Die Formel in Abschn. 3.5 zielt auf solche Situationen. Es ist die Reihung der Parteien nach Stimmenstärke, die zur Frage führt, ob damit systematische Verzerrungen einhergehen oder nicht.

3.2 Parteienreihung nach Stimmenstärke

Divisormethoden sind anonym (Abschn. 2.3). Die Sitzzahlen der Parteien hängen nicht davon ab, welche Namen wir den Parteien geben oder in welcher Reihenfolge wir sie aufführen. Wahlämter reihen Parteien oft nach den Stimmenergebnissen, die bei der vorherigen Wahl herauskamen. Diese Handhabung hat ihren Ursprung in früheren Zeiten, als für die Vorbereitung und Auswertung einer neuen Wahl Papierformulare nötig waren, deren Format durch die Ergebnisse der alten Wahl bestimmt waren. In heutiger Zeit macht es die maschinelle Wahlauswertung leicht, Parteien gemäß den Stimmenergebnissen zu sortieren, die sich aktuell einstellen.

Von besonderem Interesse für Wählerinnen und Wähler, Kandidierende, Parteien und Presse ist die Reihung nach den Stimmenerfolgen, die am Ende der Wahl festgestellt werden. Deshalb reihen wir die Parteien nach ihren Stimmenanteilen,

$$w_1 \geq \cdots \geq w_\ell.$$

Um auf diese Reihung aufmerksam zu machen, ersetzen wir das bisherige allgemeine Parteietikett „j" durch den Buchstaben „k". Er bezeichnet also den Rangplatz nach Stimmenerfolgen, den eine Partei einnimmt: $k = 1$ ist die stärkste Partei, $k = 2$ ist die zweitstärkste Partei bis hinunter zur stimmenschwächsten und letzten Partei, $k = \ell$. Die Reihung nach Stimmenstärken hängt natürlich vom Wahlergebnis ab und kann erst nach Abschluss der Wahl vorgenommen werden. Die stärkste Partei in einer Wahl muss nicht die stärkste Partei in der nächsten Wahl bleiben.

3.3 Hürden für die Zuteilungsberechtigung

Manche Wahlgesetze schließen bei der Sitzzuteilung Stimmen aus, selbst wenn sie gültig sind. Wir nennen eine Wählerstimme, die in die Zuteilungsrechnung eingeht, eine „zuteilungsberechtigte Stimme" (engl. effective vote). Stimmen, denen das Gesetz die Zuteilungsberechtigung verwehrt, werden so behandelt, als ob sie nicht abgegeben worden wären. Ziel ist es, Zwergparteien fernzuhalten, deren enge programmatische Ausrichtung und niedrige Personaldecke Zweifel erwecken, ob sie im Parlament gedeihlich mitwirken würden. Es sollen nur solche Parteien ins Parlament einziehen, die von einem Mindestmaß an Wählerzuspruch getragen werden.

Vor diesem Hintergrund geben viele Wahlgesetze eine „Mindesthürde t" (engl. threshold) vor und erklären eine Stimme für zuteilungsberechtigt, falls sie gültig ist und auf eine Partei entfällt, deren Anteil an den gültigen Stimmen die Hürde t erreicht oder übertrifft. Diese Hürden werden meist in Form einer Prozentangabe zitiert, wobei dann natürlich wichtig ist, auf welche Grundgesamtheit sich die Angabe bezieht. Die Fünf-Prozent-Hürde, die für die Wahlen zum Deutschen Bundestag gilt, bezieht sich auf die gültigen Zweitstimmen. In anderen Ländern wird der Prozentsatz auf die abgegebenen Stimmen bezogen. In diesem Buch übergehen wir diese Bezugsprobleme und geben uns mit der Vereinfachung zufrieden, dass die Prozenthürde t direkt die Komponenten des Stimmenanteilevektors $w = v/v_+$ einschränkt,

$$w_j \geq t \quad \text{für alle } j \leq \ell.$$

Die Mindesthürde $t = 1/\ell$ macht alle Stimmenanteile gleich, $w_j = 1/\ell$ für alle $j \leq \ell$, und ist uninteressant. Größere Mindesthürden, $t > 1/\ell$, sind unmöglich. Folglich entstammen Mindesthürden dem rechtsoffenen Intervall $[0; 1/\ell)$.

3.4 Sitzverzerrungen

Der Begriff „Sitzverzerrung" (engl. seat bias) meint erwarteten Sitzexzess, also den Mittelwert über alle Sitzexzesswerte gewichtet mit der Wahrscheinlichkeit ihres Eintretens. Ausgangspunkt sind die denkbaren Stimmenanteilevektoren $w = (w_1, \ldots, w_\ell)$; sie bilden den Wahrscheinlichkeitssimplex $\Omega_\ell = \{(w_1, \ldots, w_\ell) \in (0; 1)^\ell \mid w_+ = 1\}$. Wir wechseln zu Großbuchstaben $W = (W_1, \ldots, W_\ell)$, um anzudeuten, dass wir alle Stimmenanteilevektoren in Betracht ziehen. In der Sprache der Stochastik ist W ein Zufallsvektor. Bei Zugrundelegung einer Divisormethode A wird auch der Sitzevektor $X = (X_1, \ldots, X_\ell) \in A(h, W)$ zu einem Zufallsvektor. Unser Interesse gilt $A = \text{DivSta}_r$, den stationären Divisormethoden mit Splitt $r \in [0; 1]$.

Der Erwartungswert der Sitzexzesse wird unter der Bedingung berechnet, dass die Parteien der Stärke nach gereiht sind und ihre Stimmenanteile eine Mindesthürde $t \in [0; 1/\ell)$ übertreffen. Hinzu kommt die Annahme, dass die Werte des Stimmenanteilevektors W

gleichverteilt sind im Wahrscheinlichkeitssimplex Ω_ℓ. Wir argumentieren in Abschn. 3.6, dass die Erwartungen nur geringfügig mit der Hausgröße h variieren. Daher werden die Verzerrungen in ihrer Aussagekraft kaum beeinträchtigt, wenn wir uns auf den Limes für Hausgrößen $h \to \infty$ konzentrieren.

Bezeichnung. Die „Sitzverzerrung der k-stärksten Partei" für die stationäre Divisormethode mit Splitt $r \in [0; 1]$ bezeichnet den Limes für $h \to \infty$ des erwarteten Sitzexzesses der Partei k unter den Bedingungen, dass die Parteien nach fallenden Stimmenstärken gereiht sind, dass die Mindesthürde $t \in [0; 1/\ell)$ gilt und dass der Stimmenanteilevektor W einer Gleichverteilung folgt,

$$B_r^{(t)}(k) := \lim_{h\to\infty} E\left(X_k - hW_k \mid W_1 \geq \cdots \geq W_\ell \geq t\right) \quad \textit{für alle } k \leq \ell.$$

Ist die Sitzverzerrung positiv, kann die Partei bei wiederholten Anwendungen, bei denen ihr Rangplatz derselbe bleibt, von der Zuteilungsmethode mehr Sitze erwarten, als ihr Idealanspruch ausmacht. Eine negative Sitzverzerrung bedeutet, dass die Sitze der Partei im Durchschnitt nicht an den Idealanspruch heranreichen.

Wegen $X_+ = h$ und $hW_+ = h$ ist die Summe der Sitzverzerrungen null. Somit sind zwei Fälle zu unterscheiden. Entweder sind die Sitzverzerrungen aller Parteien gleich null. In diesem Fall nennen wir die zugrunde liegende Zuteilungsmethode „unverzerrt" (engl. unbiased). Unverzerrte Zuteilungsmethoden behandeln alle Teilnehmer neutral und gleichwertig. Im Durchschnitt bekommt jede Partei so viele Sitze, wie perfekte Proportionalität idealerweise erlauben würde.

Oder aber die Zuteilungsmethode ist „verzerrt" (engl. biased). Das heißt, eine oder mehr Parteien sind durch positive Sitzverzerrungen begünstigt zulasten einer oder mehrerer anderer Parteien, deren Sitzverzerrung negativ ist und die benachteiligt sind. Des einen Freud ist des andern Leid.

3.5 Verzerrungsformel

Verzerrungsformel Für die stationäre Divisormethode mit Splitt $r \in [0; 1]$ ist bei Mindesthürde $t \in [0; 1/\ell)$ die Sitzverzerrung der k-stärksten Partei gegeben durch

$$B_r^{(t)}(k) = \left(r - \frac{1}{2}\right)\left(H_k^\ell - 1\right)(1 - \ell t) \quad \text{für alle } k \leq \ell,$$

wobei $H_k^\ell := \sum_{n=k}^\ell (1/n)$ die Partialsumme von k bis ℓ der harmonischen Reihe ist.

3.5 Verzerrungsformel

Beweis Seien $[\![\cdot]\!]_r$ die stationäre Rundungsregel mit Splitt r und $h_r = h + \ell(r - 1/2)$ die adjustierte Hausgröße. Es bezeichne $Y_k \in [\![h_r W_k]\!]_r$ die Anfangssitze, um den Diskrepanzabbau-Algorithmus zu initialisieren (Abschn. 2.8). Mit der Fundamentalbeziehung (Abschn. 1.8) schlagen wir eine Brücke zur Standardrundung:

$$Y_k \in [\![h_r W_k]\!]_r \iff Y_k - 1 + r \le h_r W_k \le Y_k + r$$
$$\iff Y_k - \frac{1}{2} \le h_r W_k - r + \frac{1}{2} \le Y_k + \frac{1}{2} \iff Y_k \in \langle h_r W_k - r + \frac{1}{2} \rangle.$$

Weil unter der Gleichverteilungsannahme Bindungen die Wahrscheinlichkeit null haben, können wir von der kaufmännischen Rundung ausgehen, $Y_k = \langle h_r W_k - r + 1/2 \rangle$. Seien $U_k(h) := Y_k - (h_r W_k - r + 1/2) \in [-1/2; 1/2]$ die zugehörigen Rundungsreste. Daraus ergibt sich $-hW_k = (r - 1/2)(\ell W_k - 1) - Y_k + U_k(h)$. Damit lassen sich die Sitzexzesse in drei Terme zerlegen:

$$X_k - hW_k = \left(r - \frac{1}{2}\right)(\ell W_k - 1) + (X_k - Y_k) + U_k(h).$$

Die letzten beiden Terme tragen nichts zur Verzerrung bei. Denn im dritten Term sind die Rundungsreste $U_k(h)$ im Limes für $h \to \infty$ stochastisch unabhängig von den Stimmenanteilen $W_1, \dots, W_\ell$ und gleichverteilt über ihrem Wertebereich $[-1/2; 1/2]$ (PR 92). Also ist der Limes ihrer Erwartungswerte null. Im zweiten Term beschreibt $Z_k(h) := X_k - Y_k$ die Änderung der Anfangssitze Y_k, um nach Inkrementierung oder Dekrementierung die Endsitze X_k zu erreichen. Aus Symmetriegründen ergibt sich auch hier $\lim_{h \to \infty} E(Z_k(h) | W_1 \ge \cdots \ge W_\ell \ge t) = 0$ (PR 97). Als Zwischenergebnis erhalten wir

$$B_r^{(t)}(k) = \left(r - \frac{1}{2}\right)\left(\ell E(W_k | W_1 \ge \cdots \ge W_\ell \ge t) - 1\right).$$

Dieses Zwischenergebnis ist invariant unter der Verteilungsannahme für W. Bei genauerer Analyse des Beweises beruht die Argumentation nur auf der Absolutstetigkeit der Verteilung von W, nicht auf der speziellen Annahme einer Gleichverteilung (PR 92, 97).

Die spezifische Gleichverteilungsannahme kommt im letzten Beweisschritt zum Tragen, um die bedingte Erwartung $E(W_k | W_1 \ge \cdots \ge W_\ell \ge t)$ der Ordnungsstatistik W_k auszurechnen. Dazu führen wir für $k \le \ell$ die Transformationen $V_k := (W_k - t)/(1 - \ell t)$ ein. Der Zufallsvektor $V := (V_1, \dots, V_\ell)$ hat nichtnegative Komponenten (das heißt Mindesthürde null), die sich zu eins aufsummieren. Aus $\ell W_k = (1 - \ell t)\ell V_k + \ell t$ erhalten wir

$$\ell E(W_k | W_1 \ge \cdots \ge W_\ell \ge t) - 1 = (1 - \ell t)\ell E(V_k | V_1 \ge \cdots \ge V_\ell \ge 0) + \ell t - 1$$
$$= \bigl(\ell E(V_k | V_1 \ge \cdots \ge V_\ell \ge 0) - 1\bigr)(1 - \ell t).$$

Da die Transformationen nur translatieren und skalieren, ist der Zufallsvektor V gleichverteilt auf seinem Bildbereich $\{v_1 \geq \cdots \geq v_\ell \geq 0 | v_+ = 1\}$. Sein Erwartungswertvektor ist der Schwerpunkt des Bildbereichs und somit das arithmetische Mittel seiner Ecken,

$$E(V|V_1 \geq \cdots \geq V_\ell \geq 0) = \frac{1}{\ell}\begin{pmatrix}1\\0\\0\\\vdots\\0\end{pmatrix} + \frac{1}{\ell}\begin{pmatrix}1/2\\1/2\\0\\\vdots\\0\end{pmatrix} + \frac{1}{\ell}\begin{pmatrix}1/3\\1/3\\1/3\\\vdots\\0\end{pmatrix} + \cdots + \frac{1}{\ell}\begin{pmatrix}1/\ell\\1/\ell\\1/\ell\\\vdots\\1/\ell\end{pmatrix}$$

$$= \frac{1}{\ell}\begin{pmatrix}H_1^\ell\\H_2^\ell\\H_3^\ell\\\vdots\\H_\ell^\ell\end{pmatrix}.$$

Aus $\ell E(V_k|V_1 \geq \cdots \geq V_\ell \geq 0) = H_k^\ell$ ergibt sich schließlich die Formel für $B_r^{(t)}(k)$. □

Der erste Faktor in der Verzerrungsformel ist symmetrisch um den Punkt $1/2$, $r - 1/2 = -((1-r) - 1/2)$. Daher haben die stationären Divisormethoden mit den Splits r und $1-r$ Verzerrungen mit gegensätzlichen Vorzeichen, $B_r^{(t)}(k) = -B_{1-r}^{(t)}(k)$. Die einzige stationäre Divisormethode, die unverzerrt ist, ist die Divisormethode mit Standardrundung ($r = 1/2$). Jede Partei kann erwarten, dass ihre Sitzzahlen im Durchschnitt perfekter Proportionalität gleichkommen. Bei wiederholten Anwendungen stellt sich für keine Partei ein Vorteil ein und für keine ein Nachteil.

Der zweite Faktor $H_k^\ell - 1$ ist für stärkere Parteien positiv, für schwächere negativ (Abschn. 3.8). Deshalb sind die Methoden mit Splits $r \neq 1/2$ verzerrt. Bei Split $r > 1/2$ bekommen stärkere Parteien im Durchschnitt mehr Sitze, als ihr Idealanspruch ausmacht, und schwächere Parteien weniger. Mit Split $r < 1/2$ ist es andersherum.

Der dritte Faktor $1 - \ell t$ dämpft die Verzerrungseffekte, weil größere Hürden die Parteienstärken näher zusammenrücken lassen. Da Mindesthürden üblicherweise klein sind, ist der numerische Effekt dieses Faktors praktisch unerheblich. In den folgenden Ausführungen konzentrieren wir uns auf den Fall $t = 0$. Dadurch vereinfacht sich die Verzerrungsformel zu

$$B_r^{(0)}(k) = \left(r - \frac{1}{2}\right)\left(H_k^\ell - 1\right).$$

3.6 Verzerrtheit und Unverzerrtheit

Unter den verzerrten Divisormethoden stechen die mit Abrundung und mit Aufrundung besonders hervor. Wenn es darum geht, Sitze unter Parteien aufzuteilen, wird oftmals die Divisormethode mit Abrundung installiert. Sie ist verzerrt zugunsten stärkerer Parteien und zulasten schwächerer Parteien. Da die Mehrheit im Parlament meist durch stärkere Parteien angeführt wird, ist die politische Entscheidung für die Divisormethode mit Abrundung nachvollziehbar.

Wenn es darum geht, Sitze unter Wahldistrikte aufzuteilen, wird gelegentlich die Divisormethode mit Aufrundung durchgesetzt. Mit Splittparameter $r = 0$ ist sie verzerrt zugunsten kleinerer Wahldistrikte und zulasten größerer Wahldistrikte. Da es oft mehr kleinere Wahldistrikte gibt als größere, bestimmen sie die parlamentarische Mehrheit und sorgen für die Übernahme der Divisormethode mit Aufrundung.

George Pólya (1918) ist der erste Autor, der Sitzverzerrungen systematisch untersuchte. Für die Divisormethode mit Abrundung in Drei-Parteien-Systemen berechnet er die Verzerrung der stärksten, der mittleren und der schwächsten Partei,

$$B_1^{(0)}(1) = \frac{5}{12}, \quad B_1^{(0)}(2) = -\frac{1}{12}, \quad B_1^{(0)}(3) = -\frac{4}{12}.$$

Im Mittel über zwölf Wahlen kann die stärkste Partei fünf Sitze über ihrem Idealanspruch erwarten. Die mittlere Partei bekommt einen Sitz weniger als ihr Idealanspruch und die schwächste vier weniger. *Pólya* betont, dass dieses Ergebnis

„das wichtigste Resultat dieser Abhandlung"

darstellt. Er weist auch auf unverzerrte Alternativen hin, nämlich die Divisormethode mit Standardrundung und die Hare-Quotenmethode mit Ausgleich nach größten Resten (Abschn. 8.1.5).

Unverzerrtheit ist keine Tugend, die zwingend einzuhalten ist. Stattdessen ist der verfassungsrechtliche Rahmen ausschlaggebend. Viele Staaten, die ihr Wahlgebiet in Wahldistrikte gliedern, bestehen darauf, dass jeder Wahldistrikt mindestens einen Sitz bekommt. Die bevölkerungsschwachen Distrikte sollen nicht unrepräsentiert bleiben. Die Mindestbedingung von einem Sitz pro Wahldistrikt wird damit zur verfassungsrechtlichen Vorgabe, die einer verabsolutierten Unverzerrtheit entgegensteht.

Es ist also in jedem Anwendungsfall zu prüfen, ob verfassungsrechtliche Normen oder verfassungspolitische Ziele nach Unverzerrtheit verlangen oder eine Abschwächung in Richtung milder Verzerrtheit rechtfertigen. Dagegen hat der Grenzübergang zu unendlicher Hausgröße für praktische Anwendungen des Verzerrungsbegriffs keine Auswirkungen. Im folgenden Abschnitt führen wir aus, dass die Verzerrungsformel für alle Hausgrößen $h \geq 2\ell$ anwendbar ist. Insbesondere sind die Hausgrößen erfasst, die praktisch vorkommen.

3.7 Hausgrößenempfehlung

Die Verzerrungsformel führt zu folgender Hausgrößenempfehlung:

Die Sitzverzerrungsformel $B_r^{(t)}(k)$ ist praktisch anwendbar, sofern die Hausgröße größer oder gleich der doppelten Parteienzahl ist, $h \geq 2\ell$.

Mit anderen Worten liefert die Verzerrungsformel bei jeder Zuteilung von $h \geq 2\ell$ Sitzen eine Vorhersage, welche Abweichungen vom Idealanspruch die zugrundeliegende Methode bewirken wird. Es erweist sich als praktisch unerheblich, dass die Formel unter der Annahme übergroßer Hausgrößen ($h \to \infty$) hergeleitet wurde.

Die Empfehlung findet ihren Grund darin, dass die Konvergenz gegen den Grenzwert für $h \to \infty$ zügig vonstattengeht. Die Verzerrungsformel hängt auch nicht übermäßig stark von der Gleichverteilungsannahme für den Stimmenanteilevektor W ab. In der Tat würde es reichen, die Gleichverteilungsannahme auf das bedingende Ereignis $\{W_1 \geq \cdots \geq W_\ell \geq t\}$ einzuschränken. Unter dieser Bedingung variiert die k-te Ordnungsstatistik im Intervall $[W_{k-1}; W_{k+1}]$. Dieser kleinere Variationsbereich lässt vermuten, dass die Formel anwendbar bleibt, solange die zugrunde liegende Verteilung von W nicht allzu drastisch von einer Gleichverteilung abweicht.

Empirische Befunde bestätigen die Hausgrößenempfehlung. Schuster/Pukelsheim/Drton/Draper (2003) untersuchen die Sitzexzesse in Drei-Parteien-Systemen bei bayerischen Landtagswahlen in der Zeit 1966–1998. Das Wahlgesetz und das gesellschaftliche Umfeld blieben in dieser Zeit stabil, weshalb man das auch von der zugrunde liegenden Verteilung für den Stimmenanteilevektor W annehmen darf. Von den neun Wahlen war es bei sieben so, dass nur drei Parteien die Fünf-Prozent-Hürde schafften und an der Sitzzuteilung teilnahmen. Da das Wahlgebiet in sieben Distrikte untergliedert ist, die separat ausgewertet werden, ergibt sich der Stichprobenumfang zu $N = 7 \times 7 = 49$. Dabei reichten die Hausgrößen von 19 bis zu 65 Sitzen. Die beobachteten Sitzverzerrungen führen zu einem Durchschnitt, der von den theoretischen Sitzverzerrungen $B_r^{(t)}(k)$ sehr gut vorhergesagt wird. Ein ähnlich ermutigendes Resultat erhalten die Autoren bei Drei-Parteien-Wahlen im Kanton Solothurn im Zeitraum 1896–1997 ($N = 143$, $7 \leq h \leq 29$).

3.8 Drittelung des Parteiensystems

In der Verzerrungsformel ist der Faktor $H_k^\ell - 1$ der einzige Term, der vom Rangplatz k der Partei abhängt. Für die stärkste Partei ist der Faktor positiv, $H_1^\ell - 1 = \sum_{n=2}^{\ell}(1/n) > 0$. Er wächst unbeschränkt, je mehr konkurrierende Parteien es gibt ($\ell \to \infty$). Für die schwächste Partei ist der Faktor negativ, $H_\ell^\ell - 1 = 1/\ell - 1 < 0$, bleibt aber nach unten beschränkt durch -1.

3.8 Drittelung des Parteiensystems

Auf dem Weg von der stärksten Partei ($k = 1$) zur schwächsten ($k = \ell$) wechselt das Vorzeichen bei demjenigen Rangplatz k, der durch die Gleichung $H_k^\ell = 1$ bestimmt ist. Die logarithmische Näherung für die harmonische Reihe liefert $H_k^\ell = \sum_{n=k}^{\ell}(1/n) \approx \int_k^\ell (1/x)\,dx = \log \ell - \log k$. Aus $\log \ell - \log k = 1$ ergibt sich der „verzerrungsfreie Rangplatz" in etwa zu $k_\ell := \langle \ell/e \rangle = \langle 0.37\ell \rangle \in \{1, \ldots, \ell - 1\}$. Für grob das stärkere Drittel der Parteien ist der Faktor $H_k^\ell - 1$ positiv, für die restlichen zwei Drittel der schwächeren Parteien ist er negativ.

Beispielsweise ist bei der Divisormethode mit Abrundung ($r = 1$) das Drittel der stärkeren Parteien bevorteilt zulasten der zwei schwächeren Drittel, die eine Benachteiligung hinnehmen müssen. Diese Verzerrungseffekte werden besonders deutlich, wenn die kumulierten Sitzverzerrungen des Drittels der stärkeren Parteien betrachtet werden. Diesen Ansatz wählen Balinski/Young (2001). Die Autoren gestalten zwar ihre theoretische und empirische Verzerrungsanalyse etwas anders, gelangen dabei aber zu denselben Schlussfolgerungen wie hier.

Stimmenhürden 4

Zusammenfassung

Als Stimmenhürden werden die minimalen und maximalen Stimmenanteile bezeichnet, die mit einer gegebenen Sitzzahl einhergehen. Die Formeln dafür sind abhängig von der Zuteilungsmethode, der Hausgröße und der Parteienzahl. Speziell ist die Maximalhürde für null Sitze derjenige Schwellenwert, ab dem einer Partei mindestens ein Sitz sicher ist; diese Hürde hat wahlrechtliche Bedeutung als faktische Sperrklausel und natürliches Quorum. Die Maximalhürde für die halbe Hausgröße lässt erkennen, wann eine Absolutmehrheit an Stimmen garantiert zu einer Absolutmehrheit an Sitzen führt. Keine Zuteilungsmethode ist immer mehrheitstreu. Um Mehrheitstreue zu erzwingen, müssen Zuteilungsmethoden mit Mehrheitsklauseln modifiziert werden.

4.1 Variationsbereich der Stimmenanteile für eine gegebene Sitzzahl

Die Aufgabenstellung bei einem Sitzzuteilungsproblem nimmt an, dass die Stimmenzahlen v_j oder die Stimmenanteile $w_j = v_j/v_+$ für alle Parteien $j \leq \ell$ gegeben sind und daraus der Sitzevektor $x = (x_1, \ldots, x_\ell) \in \mathbb{N}^\ell(h)$ berechnet wird. Das vorliegende Kapitel behandelt das inverse Problem: Was können wir bei gegebener Sitzzahl x_j über den Stimmenanteil w_j der Partei aussagen? In welchem Bereich kann er variieren? Ist der Stimmenanteil zu klein, bekommt die Partei weniger als x_j Sitze. Ist er zu groß, werden ihr mehr als x_j Sitze zugeteilt. Von daher sieht man, dass der Variationsbereich ein Intervall $[a(x_j); b(x_j)]$ bildet. Die untere Grenze $a(x_j)$ nennen wir die „Minimalhürde für x_j Sitze", die obere Grenze $b(x_j)$ die „Maximalhürde für x_j Sitze".

Der Variationsbereich $[a(x_j); b(x_j)]$ umfasst also diejenigen Stimmenanteile, die zu genau x_j Sitzen führen können. Bei kleinerem Stimmenanteil $w_j < a(x_j)$ ist die Partei so schwach, dass sie $x_j - 1$ oder noch weniger Sitze bekommt. Bei größerem Stimmenanteil $w_j > b(x_j)$ sind ihr $x_j + 1$ oder noch mehr Sitze sicher.

Spezielle Hürden verdienen besondere Aufmerksamkeit. Wichtig aus wahlrechtlicher Sicht ist die Maximalhürde für null Sitze, $b(0)$. Oberhalb des Stimmenanteils $b(0)$ ist es in jedem Fall so, dass eine Partei mindestens einen Sitz bekommt und somit im Parlament vertreten ist. Der Schwellenwert $b(0)$ wird deshalb auch „faktische Sperrklausel" oder „natürliches Quorum" genannt; im angelsächsischen Schrifttum ist der Begriff „Ausschlusshürde" (engl. threshold of exclusion) gebräuchlich.

Die Minimalhürde für einen Sitz, $a(1)$, ist der kleinste Stimmenanteil, ab dem eine Partei günstigenfalls einen Sitz erhalten kann. Bei einer günstigen Gesamtkonstellation schafft sie es, im Parlament repräsentiert zu sein, bei einer ungünstigen schafft sie es nicht. Im angelsächsischen Schrifttum heißt der Schwellenwert $a(1)$ „Repräsentationshürde" (engl. threshold of representation).

Abschnitt 4.4 stellt die Formeln für die Minimalhürde $a(x_j)$ und die Maximalhürde $b(x_j)$ als Brüche dar. Es ist bequemer, mit Unter- und Oberschranken für den Sitzexzess $x_j - w_j h$ zu beginnen, weil diese ohne Bruchdarstellung auskommen. Wiederum bezeichne h die vorgegebene Hausgröße, ℓ die Anzahl der Parteien, die an der Sitzzuteilungsrechnung teilnehmen, und $w = (w_1, \ldots, w_\ell)$ den Vektor der Stimmenanteile w_j der Parteien $j \leq \ell$. Abschnitt 4.2 betrachtet allgemeine Divisormethoden, Abschn. 4.3 vereinfacht das Ergebnis für stationäre Divisormethoden.

4.2 Sitzexzess-Schranken für allgemeine Divisormethoden

Allgemeine Schranken *Sei A eine Divisormethode, zu deren Rundungsregel die Sprungstellenfolge $s(0), s(1), s(2), \ldots$ gehört. Für jeden Sitzevektor $x \in A(h; w)$ mit $w_+ = 1$ ist der Sitzexzess von Partei j nach unten und oben beschränkt gemäß*

$$-(1 - w_j)\Big(s(x_j + 1) - x_j\Big) - w_j \sum_{i \neq j} \Big(x_i - s(x_i)\Big) \leq x_j - w_j h, \quad (1)$$

$$x_j - w_j h \leq (1 - w_j)\Big(x_j - s(x_j)\Big) + w_j \sum_{i \neq j} \Big(s(x_i + 1) - x_i\Big). \quad (2)$$

In (1) gilt Gleichheit genau dann, wenn w proportional ist zu $(s_1, \ldots, s_\ell)$ mit $s_j := s(x_j + 1)$ und $s_i := s(x_i)$ für $i \neq j$. In (2) gilt Gleichheit genau dann, wenn w proportional ist zu $(s_1, \ldots, s_\ell)$ mit $s_j := s(x_j)$ und $s_i := s(x_i + 1)$ für $i \neq j$.

Beweis Teilt die Divisormethode A einer Partei $i \leq \ell$ mit Stimmenzahl v_i genau x_i Sitze zu, so gilt mit einem geeigneten Divisor $D > 0$ die Fundamentalbeziehung $s(x_i) \leq v_i/D \leq s(x_i + 1)$. Da die Aussage auf die relativen Anteile $w_i = v_i/v_+$ abzielt und nicht auf die absoluten Stimmenzahlen v_i, ersetzen wir Divisoren D durch Multiplikatoren $\mu := v_+/D$. Dadurch bekommt die Fundamentalbeziehung die handlichere Form $s(x_i) \leq \mu w_i \leq s(x_i + 1)$. Mit den Rundungsresten $u_i := \mu w_i - x_i \in [s(x_i) - x_i; s(x_i + 1) - x_i]$

erhalten die Sitzahlen die Gestalt $x_i = \mu w_i - u_i$, für alle $i \leq \ell$. Summation führt wegen $x_+ = h$ und $w_+ = 1$ zur Identität $h = \mu - u_+$.

Nun wenden wir uns der gegebenen Partei j zu. Wird von $x_j = \mu w_j - u_j$ die Identität $w_j h = w_j \mu - w_j u_+$ abgezogen, so verschwindet der Multiplikator μ:

$$x_j - w_j h = -u_j + w_j u_+ = -(1 - w_j) u_j + w_j \sum_{i \neq j} u_i.$$

Da der Koeffizient von u_j negativ ist und der von u_i positiv, $i \neq j$, sind die Rundungsreste in gegensätzliche Richtungen abzuschätzen. Dies ergibt die Schranken (1) und (2). In (1) kommt es zu Gleichheit genau dann, wenn gilt $\mu w_j - x_j = u_j = s(x_j + 1) - x_j$ und $\mu x_i = u_i = s(x_i) - x_i$ für $i \neq j$. Es folgt $w_j = s(x_j + 1)/\mu$ und $w_i = s(x_i)/\mu$, wie behauptet. Die Gleichheitsbedingung für (2) erhalten wir ebenso.

Man beachte, dass Votenindizes, die in (1) oder (2) zu Gleichheit führen, möglicherweise nicht ganzzahlig sind (was die Begriffsbildung in Abschn. 2.1 erlaubt). Im Fall von $x_i = 0$ oder $s(1) = 0$ können sie sogar null werden (was Abschn. 2.1 eigentlich nicht erlaubt). □

Die Bedingungen, unter denen in den Abschätzungen (1) und (2) Gleichheit gilt, lassen sich überzeugend erklären. Wenn die untere Schranke (1) zu einer Gleichung wird, nähert sich Partei j der Sprungstelle $s(x_j + 1)$, wo ein Sitzgewinn von x_j auf $x_j + 1$ winkt. Die konkurrierenden Partei $i \neq j$ liegen bei den Sprungstellen $s(x_i)$, wo ein Sitzverlust von x_i auf $x_i - 1$ droht. Der Sitzexzess $x_j - w_j h$ nimmt also die (negative) Unterschranke in (1) dann an, wenn Partei j bei einem geringen Zuwachs ihres Stimmenanteils w_j sich von x_j Sitzen auf $x_j + 1$ verbessert (und eine der konkurrierenden Parteien einen Sitz verliert). Auf der anderen Seite nimmt der Sitzexzess $x_j - w_j h$ die (positive) Oberschranke in (2) dann an, wenn Partei j mit ihrem Stimmenanteil w_j kurz davor steht, sich von x_j Sitzen auf $x_j - 1$ zu verschlechtern (und den verlorenen Sitz an eine der konkurrierenden Parteien abgibt).

Bei stationären Divisormethoden haben die Sprungstellen für $n \geq 1$ die Form $s(n) = n - 1 + r$. Damit vereinfachen sich die Schranken erheblich.

4.3 Sitzexzess-Schranken für stationäre Divisormethoden

Spezielle Schranken *Sei* DivSta$_r$ *die stationäre Divisormethode mit Splittparameter* $r \in [0; 1]$. *Für jeden Sitzevektor* $x \in$ DivSta$_r(h; w)$ *mit* $w_+ = 1$ *ist der Sitzexzess von Partei* j *nach unten und oben beschränkt gemäß*

$$-(1 - w_j)r - w_j(1 - r)M \leq x_j - w_j h \leq (1 - w_j)(1 - r)I + w_j r(\ell - 1),$$

wobei $M := \min\{\ell - 1, h - x_j\}$ *das Minimum der Anzahl der Restparteien* ($\ell - 1$) *und der für sie zur Verfügung stehenden Sitze* ($h - x_j$) *ist und wobei der Indikator I anzeigt, ob Partei j vertreten ist oder nicht:* $I := 1$ *falls* $x_j \geq 1$ *und* $I := 0$ *falls* $x_j = 0$.

Beweis In Abschn. 4.2 sind in der Oberschranke (2) wegen $x_i + 1 \geq 1$ alle $\ell - 1$ Differenzen $s_r(x_i + 1) - x_i = (x_i + r) - x_i = r$ konstant gleich r. Für die Differenz $x_j - s(x_j)$ erhalten wir zwei Werte, nämlich $x_j - (x_j - 1 + r) = 1 - r$ im Fall $x_j \geq 1$ und $0 - s(0) = 0$ im Fall $x_j = 0$. Mit dem Indikator I nimmt die Oberschranke die angegebene Form an.

In der Unterschranke (1) wird der erste Term zu $-(1 - w_j)r$. Im zweiten Term ist die Summe $S := \sum_{i \neq j}(x_i - s(x_i))$ über die Restparteien $i \neq j$ bestimmend. Falls hinreichend viele Sitze zur Verfügung stehen, $h - x_j \geq \ell - 1$, kann jede Restpartei einen Sitz bekommen, $S \leq (1 - r)(\ell - 1)$. Andernfalls können höchstens $h - x_j$ Restparteien einen Sitze erlangen, $S \leq (1 - r)(h - x_j)$. Das Minimum M erlaubt es, die beiden Fälle zusammenzufassen zu $S \leq (1 - r)M$. □

In den meisten Anwendungsfällen stehen jenseits von Partei j genügend Sitze zur Verfügung, sodass jede Restpartei einen Sitz bekommen kann: $h - x_j \geq \ell - 1$; hier gilt $M = \ell - 1$. Für $M = \ell - 1$ und $I = 1$ ergibt sich die Mitte des Variationsbereichs, also das arithmetische Mittel der Schranken, zu $(r - 1/2)(\ell w_j - 1)$. Dieser Ausdruck spielt eine zentrale Rolle im Beweis der Verzerrungsformel, Abschn. 3.5, (PR 97).

Aus diesen Schranken ergeben sich für stationäre Divisormethoden nun handliche Formeln für die Minimalhürde $a(x_j)$ und die Maximalhürde $b(x_j)$ für x_j Sitze.

4.4 Stimmenhürden für stationäre Divisormethoden

Stimmenhürden *Sei* DivSta_r *eine stationäre Divisormethode mit Splitt* $r \in [0; 1]$. *Für jeden Sitzevektor* $x \in \mathrm{DivSta}_r(h; w)$ *liegt der Stimmenanteil* w_j *einer Partei* j, *die* x_j *Sitze erhält, im Bereich*

$$a(x_j) := \frac{x_j - (1-r)I}{h - (1-r)I + r(\ell - 1)} \leq w_j \leq \frac{x_j + r}{h + r - (1-r)M} =: b(x_j),$$

wobei $M := \min\{\ell - 1, h - x_j\}$ *das Minimum der Anzahl der Restparteien* ($\ell - 1$) *und der für sie zur Verfügung stehenden Sitze* ($h - x_j$) *ist und wobei der Indikator I anzeigt, ob Partei j vertreten ist oder nicht:* $I := 1$ *falls* $x_j \geq 1$ *und* $I := 0$ *falls* $x_j = 0$.

Beweis In Abschn. 4.3 führt die Auflösung der linken Ungleichungen nach w_j zur Maximalhürde $b(x_j)$. Die rechte Ungleichung ergibt die Minimalhürde $a(x_j)$. □

Die faktische Sperrklausel $b(0)$ ist in den praxisrelevanten Situationen, wenn wenige Parteien sich um viele Sitze bewerben ($M = \ell - 1 \leq h$), für die stationäre Divisormethode

4.4 Stimmenhürden für stationäre Divisormethoden

mit Splitt r gegeben durch

$$b(0) = \frac{r}{h+1-(1-r)\ell}.$$

Für die Divisormethode mit Standardrundung erhalten wir $(1/2)/(h+1-\ell/2) = 1/(2h+2-\ell)$ und für die Divisormethode mit Abrundung $1/(h+1)$.

Für den minimalen Stimmenanteil für null Sitze kommt natürlich der Wert null heraus, $a(0) = 0$, und für den maximalen Stimmenanteil für h Sitze der Wert eins, $b(h) = 1$. Zudem gilt die Beziehung

$$a(x_j) \leq b(x_j - 1) \qquad \text{für alle } x_j = 1, \ldots, h. \tag{1}$$

Denn $a(x_j)$ bezeichnet den Stimmenanteil, ab dem sich die Möglichkeit eröffnet, mindestens x_j Sitze zu bekommen. Bei Stimmenanteil $b(x_j - 1)$ wird die Möglichkeit dann zur Gewissheit. Die Beziehung (1) lässt sich auch anhand der Formeln bestätigen.

Wir illustrieren die Beziehung mit der Diskussion über die Fünf-Prozent-Hürde, die der 18. Schleswig-Holsteinische Landtag in der Legislaturperiode 2012–2017 führte. Man kann den Zweck der Eintrittshürde darin sehen, von den in den Landtag einziehenden Parteien zu fordern, dass sie von zahlenmäßig hinreichender Bedeutung sind. Landtagsparteien sollten personell in der Lage sein, einerseits die politischen Anliegen im Land aufzugreifen und zu bündeln und andererseits ihre Politik im gesamten Land nach außen zu tragen. Dazu bedarf es einer personellen Mindeststärke. Letztlich ist eine wertende Prognoseentscheidung gefragt, welcher Mandatszahl eine zahlenmäßig hinreichende Bedeutung zukommt, damit eine Partei ihre Integrations- und Strukturierungsfunktion erfüllen kann.

Einen Anhaltspunkt bietet die praktische Arbeit des Landtages. Die Geschäftsordnung billigt den Abgeordneten einer Partei Fraktionsstatus zu, wenn die Partei mit mindestens vier Abgeordneten im Landtag vertreten ist. Wir deuten den Fraktionsstatus als Konsens, dass solche Parteien dem politischen Gestaltungsauftrag in vollem Umfang nachkommen können. Die zahlenmäßig hinreichende Bedeutsamkeit wäre demnach im Schleswig-Holsteinischen Landtag ab $x_j = 4$ Abgeordneten gegeben. Je nach Prognoseentscheidung des Gesetzgebers könnten auch weniger Abgeordnete als ausreichend erachtet werden. Dies führt zur Frage, wie die denkbare Vorgabe einer Mandatszahl $x_j = 1, 2, 3, 4$ auf die Stimmenanteile der Partei rückwirken würde. Antworten liefern die Stimmenhürde $a(x_j)$, ab der x_j Sitze möglich werden, und die Stimmenhürde $b(x_j - 1)$, ab der mindestens x_j Sitze sicher sind.

Der Schleswig-Holsteinische Landtag benutzt bei der Sitzzuteilung die Divisormethode mit Standardrundung ($r = 1/2$). Die relevanten Formeln ($M = \ell - 1$) sind

$$a(x_j) = \frac{x_j - 1/2}{h - 1 + \ell/2}, \qquad b(x_j - 1) = \frac{x_j - 1/2}{h + 1 - \ell/2}.$$

Die $h = 69$ Sitze im 18. Landtag teilen sich $\ell = 6$ Parteien. Die Vorgabe der Mandatszahl im Parlament bedingt folgende Stimmenanteile in der Wählerschaft:

1. Ab 0.70 Prozent Stimmenanteil ist es möglich, dass eine Partei mindestens einen Sitz bekommt, ab 0.75 Prozent ist das sicher.
2. Ab 2.1 Prozent Stimmenanteil ist es möglich, dass eine Partei mindestens zwei Sitze bekommt, ab 2.2 Prozent ist das sicher.
3. Ab 3.5 Prozent Stimmenanteil ist es möglich, dass eine Partei mindestens drei Sitze bekommt, ab 3.7 Prozent ist das sicher.
4. Ab 4.9 Prozent Stimmenanteil ist es möglich, dass eine Partei mindestens vier Sitze bekommt, ab 5.2 Prozent ist das sicher.

Bei einer Drei-Prozent-Hürde erhalten die kleinsten Parlamentsparteien zwar in raren Ausnahmefällen nur zwei Sitze, aber in aller Regel drei oder mehr. Denn eine Stimmenzahl, die drei Prozent aller gültigen Stimmen ausmacht, ergibt einen etwas höheren Prozentsatz, wenn sie auf die geringere Zahl derjenigen Stimmen bezogen wird, die zuteilungsberechtigt sind. Ab 3.7 Prozent Anteil an zuteilungsberechtigten Stimmen sind der Partei mindestens drei Sitze sicher. Mit drei Sitzen wäre die qualitative Forderung einer zahlenmäßig erheblichen Bedeutsamkeit etwas unter dem Niveau von vier Sitzen angesiedelt, die für eine Fraktionsbildung erforderlich sind.

4.5 Stimmenhürden für modifizierte Divisormethoden

Es gibt Modifikationen der Divisormethoden, um den Erwerb des ersten Sitzes zu erschweren. Die Parteien, die Abgeordnete ins Parlament entsenden, wollen damit die Repräsentation von außerparlamentarischen Zwergparteien blockieren und ihnen eine Parlamentspräsenz verwehren. Die parteipolitische Sicht geht am Kerngehalt parlamentarischer Repräsentation vorbei. Die Institutionen der Parteien nehmen bei der Wahl nur eine vermittelnde Funktion wahr, Kernanliegen ist die Repräsentation der Wählerinnen und Wähler. Wie sich der erschwerte Parlamentseintritt aus Sicht der Wähler darstellt, kann man an der Erhöhung der faktischen Sperrklausel ablesen.

Der Erwerb des ersten Sitzes wird dadurch erschwert, dass die erste Sprungstelle, die ja im Intervall $[0;1]$ liegt, in die Nähe von eins gerückt wird. Eine solche Variante der Divisormethode mit Standardrundung ist in Schweden gebräuchlich. Die erste Sprungstelle wird vom Standardwert 0.5 angehoben auf den Wert $s(1) := 0.7$; wir nennen dies die „schwedische Modifikation" der Divisormethode mit Standardrundung.

Eine andere Variante der Divisormethode mit Standardrundung erhöht die erste Sprungstelle auf eins, $s(1) := 1$. Das bedeutet, dass das erste Mandat nicht durch einen Rundungseffekt zu Stande kommen kann, sondern voll verdient sein muss. Wir nennen dies die „Vollmandatsmodifikation" der Divisormethode mit Standardrundung.

Für die Bestimmung der faktischen Sperrklausel $b(0)$ betrachten wir allgemeiner eine stationäre Divisormethode mit Splitt $r \in [0;1]$ und modifizieren sie durch Anhebung der ersten Sprungstelle auf den Wert $t := s(1) \in [r;1]$. Wir suchen den maximalen Stimmenanteil für null Sitze, $b(x_j)$ mit $x_j = 0$. Für $x_j = 0$ erhält die Unterschranke in

4.5 Stimmenhürden für modifizierte Divisormethoden

Abschn. 4.2 die Form $w_j h \leq (1-w_j)t + w_j S$. Die Summe $S = \sum_{i \neq j}(x_i - s(x_i))$ besteht aus drei Arten von Summanden: verschwindende Werte $x_i - s(x_i) = 0$ für $x_i = 0$, kleine Werte $x_i - s(x_i) = 1 - t$ für $x_i = 1$ und große Werte $x_i - s(x_i) = 1 - r$ für $x_i \geq 2$. Somit erreicht die Summe ihr Maximum $(1-r)(\ell - 1)$, sobald alle Konkurrenten $i \neq j$ zwei oder mehr Sitze bekommen. Für Hausgrößen $h \geq 2(\ell - 1)$ erhalten wir daraus die faktische Sperrklausel

$$b(0) = \begin{cases} \dfrac{t}{h+1-r+t-(1-r)\ell} & \text{allgemein für } t = s(1) \in [r; 1], \\ \dfrac{0.7}{h+1.2-0.5\ell} & \text{für } t = 0.7, r = 0.5 \text{ (schwedische Modifikation)}, \\ \dfrac{1}{h+1.5-0.5\ell} & \text{für } t = 1, r = 0.5 \text{ (Vollmandatsmodifikation)}. \end{cases}$$

Die Voraussetzung $h \geq 2(\ell-1)$ ist praktisch gleichwertig mit der Hausgrößenempfehlung $h \geq 2\ell$ (Abschn. 3.7) und bei allen vernünftigen Anwendungen erfüllt.

Wir illustrieren die Auswirkungen der faktischen Sperrklausel mit dem Gesetz über die Kommunalwahlen im Land Nordrhein-Westfalen. Der Verfassungsgerichtshof für das Land Nordrhein-Westfalen hatte 1999 die vormals praktizierte Fünf-Prozent-Hürde mangels Begründetheit für verfassungswidrig befunden. Der Landtag reagierte auf das Urteil im Jahr 2007 mit einer Novellierung. Als Sitzzuteilungsverfahren wurde die Vollmandatsmodifikation der Divisormethode mit Standardrundung in das Kommunalwahlgesetz aufgenommen. Wir zeigen anhand der Ergebnisse der Kommunalwahl 2004, dass die Vollmandatsmodifikation die Fünf-Prozent-Hürde sogar übersteigen kann. Beide betrachteten Kommunen haben einen zwanzigköpfigen Gemeinderat ($h = 20$). In der ersten Kommune kandidieren vier Listen ($\ell = 4$), die faktische Sperrklausel ist $2/39 = 5.1$ Prozent. Im zweiten Beispiel mit fünf Listen ($\ell = 5$) beträgt sie $2/38 = 5.3$ Prozent.

In der Gemeinde Nettersheim entfielen 4 284 Stimmen auf vier Listen im Verhältnis 2 642 : 778 : 667 : 197. Bei Ratsgröße $h = 20$ kann hier mit Divisor 200 gearbeitet werden, für je 200 Stimmen gibt es also rund einen Sitz. Die Sitzverteilung ist 13 : 4 : 3 : 0. Da die 197 FDP-Stimmen den Divisor 200 nicht erreichen, fallen sie der Vollmandatsmodifikation zum Opfer. Ihre 197 Stimmen von 4 284 Gesamtstimmen machen 4.6 Prozent aus. Eine leichte Änderung der Stimmenergebnisse hebt die Wirkung über fünf Prozent hinweg. Denn hätten sich 3 902 Gesamtstimmen im Verhältnis 2 501 : 701 : 501 : 199 verteilt, so wären mit demselben Divisor (200) dieselben Sitzzahlen herausgekommen. Nun aber stellen 199 Stimmen von 3 902 Gesamtstimmen einen Anteil von 5.1 Prozent dar.

In der Stadt Heimbach verteilten sich 2 430 Stimmen auf fünf beteiligte Listen im Verhältnis 1384 : 357 : 326 : 279 : 84. Für die $h = 20$ Ratssitze kann hier der Divisor 120 benutzt werden, auf je 120 Stimmen kommt somit rund ein Sitz. Es ergibt sich die Sitzzuteilung 12 : 3 : 3 : 2 : 0. Da die Grünen-Stimmen (84) unter dem Divisor bleiben (120), gehen sie leer aus; 84 Stimmen von 2 430 Gesamtstimmen ergeben 3.5 Prozent. Wir brauchen an den Stimmenzahlen nur leicht zu rütteln, um die Sperrwirkung zu verschärfen.

Verteilen sich 2 283 Gesamtstimmen im Verhältnis 1 381 : 301 : 301 : 181 : 119, hätte derselbe Divisor (120) zu derselben Sitzzuteilung geführt. Die kleinste Liste wäre mit 119 Stimmen immer noch an der Vollmandatsmodifikation gescheitert. Nun aber machen 119 Stimmen von 2 283 Gesamtstimmen 5.2 Prozent aus.

Noch vor jeglicher Anwendung der Vollmandatsmodifikation entschied der Verfassungsgerichtshof für das Land Nordrhein-Westfalen 2009, dass sie verfassungswidrig ist. Seither verzichtet Nordrhein-Westfalen im Kommunalwahlgesetz darauf, die Divisormethode mit Standardrundung durch Eingangshürden zu modifizieren.

4.6 Mehrheitstreue und Mehrheitsklauseln

Eine andere wichtige Hürde sind fünfzig Prozent, die Marke für eine Absolutmehrheit. Man möchte hoffen, dass eine Absolutmehrheit an Stimmen immer eine Absolutmehrheit an Sitzen garantiert. Wir nennen solche Zuteilungsmethoden „mehrheitstreu". Enttäuschender Fakt ist: Keine der gängigen Methoden ist mehrheitstreu.

Ein Zahlenbeispiel findet sich in den Materialien zur Novellierung des Bundeswahlgesetzes 1982 (Bundestagsdrucksache 9/1913 vom 12. August 1982, Seite 13), siehe Tab. 4.1. Die Zahlen wurden dort mit der Hare-Quotenmethode mit Ausgleich nach größten Resten (HaQgrR) ausgewertet, die wir in Abschn. 8.1.2 skizzieren werden. Das Beispiel wurde später kolportiert mit dem Tenor, dass die Hare-Quotenmethode mit Ausgleich nach größten Resten durch mangelnde Mehrheitstreue diskreditiert sei. In Tab. 4.1 ergeben aber viele Divisormethoden genau dasselbe Zuteilungsergebnis, so die Divisormethoden mit harmonischer Rundung, mit geometrischer Rundung, mit Standardrundung und mit Abrundung. Tatsächlich zeigt dieses Beispiels, dass *keine* der gängigen Zuteilungsmethoden mehrheitstreu ist.

Die Divisormethode mit Abrundung wäre ein kanonischer Kandidat für Mehrheitstreue. Denn nach Abschn. 3.5 ist die Methode verzerrt zugunsten stärkerer Parteien und zulasten schwächerer. Wenn eine Partei von einer Absolutmehrheit an Stimmen getragen wird und zudem erwarten kann, von einem Verzerrungsbonus zu profitieren, sollte man hoffen dürfen, dass der Partei auch eine Absolutmehrheit an Sitzen zugeteilt wird. Die

Tab. 4.1 *Verletzung der Mehrheitstreue.* Auf Partei A entfallen 18 594 670 Stimmen, auf alle anderen Parteien zusammen nur 18 594 665. Trotz ihrer Absolutmehrheit an Stimmen wird Partei A keine Absolutmehrheit an Sitzen zugeteilt, sondern sie erhält nur 248 von insgesamt 496 Sitzen

Partei	Stimmen	HaQgrR=DivHar=DivGeo=DivStd=DivAbr
A	18 594 670	248
B	12 950 200	173
C	3 664 459	49
D	1 980 006	26
Summe	37 189 335	496

4.6 Mehrheitstreue und Mehrheitsklauseln

Hoffnung trügt. Das Bundestagsbeispiel in Tab. 4.1 belegt, dass dem nicht so sein muss. Der Grund ist, dass in diesem Beispiel die Hausgröße 496 gerade ist. Bei ungeraden Hausgrößen kann das Malheur nicht passieren.

Mehrheitstreue *Bei ungerader Hausgröße ist die Divisormethode mit Abrundung die einzige stationäre Divisormethode, die mehrheitstreu ist.*

Beweis Bei ungerader Hausgröße $h := 2n + 1$ braucht es für eine Absolutmehrheit $n + 1$ Sitze oder mehr. Diese stellen sich ab der Maximalhürde für n Sitze ein, also ab dem Stimmenanteil $b(n)$. Mehrheitstreue drückt sich somit durch die Ungleichung $b(x_j) \leq 1/2$ mit $x_j = n$ aus. Denn dann ist für eine Partei mit Stimmenanteil $1/2$ oder größer gesichert, dass sie $n+1$ Sitze oder mehr erhält. Für stationäre Divisormethoden mit Splitt r ergibt Abschn. 4.4 im Fall $M = \ell - 1$ (womit die realistischen Hausgrößen $h \geq 2\ell - 3$ erfasst werden) den Schwellenwert

$$b(n) = \frac{n + r}{2n + 1 + r - (1 - r)(\ell - 1)} = \frac{n + r}{2(n + r) - (1 - r)(\ell - 2)}.$$

Bei zwei Parteien ($\ell = 2$) sind alle stationären Divisormethoden mehrheitstreu, $b(n) = 1/2$. Ab drei oder mehr Parteien ($\ell \geq 3$) gilt die Ungleichung $b(n) \leq 1/2$ genau dann, wenn der Splittparameter eins ist, $r = 1$. Im Fall $M = h - x_j = n + 1$ ist der Nennerfaktor $\ell - 2$ durch n zu ersetzen, sodass $b(n) \leq 1/2$ auch hier $r = 1$ erzwingt. □

Solche Feinheiten verliert der Gesetzgeber gelegentlich aus dem Auge. Beispielsweise sind in Schleswig-Holstein die Hausgrößen parlamentarischer Gremien ungerade. Dies gilt für die im Landeswahlgesetz vorgegebene Landtagsgröße wie auch für die im Kommunalwahlgesetz bestimmten Ratsgrößen der Kommunen. Früher wurde als Sitzzuteilungsverfahren die Divisormethode mit Abrundung verwendet; eine Absolutmehrheit an Stimmen garantierte eine Absolutmehrheit an Sitzen. Wegen ihrer Verzerrtheit zugunsten stärkerer Parteien und zulasten schwächerer Parteien wurde das Verfahren 2011 durch die Divisormethode mit Standardrundung abgelöst. Diese ist zwar unverzerrt, aber nicht mehrheitstreu. Prompt kam es bei den Kommunalwahlen im Sommer 2013 dazu, dass eine Absolutmehrheit von Wählern sich mit einer Minderzahl von Sitzen begnügen musste. Bei der Wahl der Gemeindevertretung Boostedt erhielt die CDU mit der Absolutmehrheit der Stimmen nur acht von siebzehn Sitzen. Siehe Tab. 4.2. Der Vorfall provozierte hämische Pressekommentare.

Um Mehrheitstreue jederzeit sicherzustellen, müssen Sitzzuteilungsverfahren mit einer Mehrheitsklausel geeignet modifiziert werden. Im Rest des Kapitels werden drei Mehrheitsklauseln vorgestellt. Die erste Klausel schafft Zusatzsitze, bis sich die kleinstmögliche Absolutmehrheit einstellt (Abschn. 4.7). Die zweite Klausel teilt das Parteiensystem in einen Mehrheitsblock und den Block der übrigen Parteien und verrechnet die beiden Blöcke eigenständig (Abschn. 4.8). Diese beiden Mehrheitsklauseln

Tab. 4.2 *Wahl der Gemeindeversammlung Boostedt 2013*. Eine Absolutmehrheit der Wähler votierten für die CDU, die aber nur acht von siebzehn Sitzen erhielt. Eine Mehrheitsklausel, die Mehrheitstreue herstellen würde, ist im Wahlgesetz nicht vorgesehen

SH2013Boostedt	Zweitstimmen	Quotient	DivStd
CDU	2 815	8.49	8
SPD	2 155	6.503	7
FWG	549	1.7	2
Summe (Divisor)	5 519	(331.4)	17

sind mit beliebigen Sitzzuteilungsmethoden kombinierbar. Die dritte Klausel ist an die Hare-Quotenmethode mit Ausgleich nach größten Resten gebunden, sie beruht auf einer Umverteilung des „letzten" Sitzes (Abschn. 4.9).

4.7 Mehrheitsklausel mit Zusatzsitzen

Für viele parlamentarische Gremien wird zwar eine Hausgröße nominell vorgegeben, aber sofort der Vorbehalt hinzugefügt, dass davon abgewichen werden kann. So beginnt das Bundeswahlgesetz mit dem Satz:

„Der Deutsche Bundestag besteht vorbehaltlich der sich aus diesem Gesetz ergebenden Abweichungen aus 598 Abgeordneten."

Zum Beispiel können sich Abweichungen nach unten ergeben, wenn eine Partei mehr Sitze zugeteilt bekommt, als sie Kandidaten nominiert hat. Die überzähligen Mandate bleiben unbesetzt und die nominelle Hausgröße wird unterschritten.

Die „Mehrheitsklausel mit Zusatzsitzen" weist in die andere Richtung. Sie erhöht die Hausgröße nach oben, indem sie mehrheitserzeugende Zusatzsitze ins Leben ruft: *Erhält eine Partei, auf die eine Absolutmehrheit der zuteilungsberechtigten Stimmen entfällt, keine Absolutmehrheit an Sitzen, werden für sie so viele Zusatzsitze geschaffen, bis sie über eine Absolutmehrheit an Sitzen verfügt.* Offensichtlich hängt diese Vorschrift nicht von der Zuteilungsmethode ab, die zunächst verwendet wird. Auch geht die Klausel verständnisvoll mit den notorischen Ängsten der Parteien um, Sitze zugunsten etwaiger Konkurrenten abgeben zu müssen. Solche Ängste erscheinen sowieso übertrieben, eine Verletzung der Mehrheitstreue tritt nur sehr selten auf. Aber selbst dann wird keinem etwas weggenommen. Stattdessen werden für die Mehrheitspartei die fehlenden Sitze neu geschaffen.

In Boostedt (Tab. 4.2) hätte die Mehrheitsklausel mit Zusatzsitzen zwei Sitze für die CDU kreiert, damit sie mit 10 von dann 19 Sitzen über eine Absolutmehrheit in der Gemeindeversammlung verfügt. Die endgültige Sitzzuteilung steht in vollem Einklang mit der Proportionalität. Wären von vorneherein $h = 19$ Sitze zur Verteilung angestanden, so hätte davon 10 die CDU erhalten (Divisor 290). Das muss nicht immer so sein. Empirische

Studien zeigen aber, dass bei der Mehrheitsklausel mit Zusatzsitzen der globale Einklang mit der Proportionalität oft erhalten bleibt.

Auch das Bundeswahlgesetz zielt auf der Schaffung von Zusatzsitzen, aber die dortige Mehrheitsklausel ist mangelhaft. Paragraph 6 Absatz 7 Satz 1 lautet: *Erhält bei der Verteilung der Sitze ... eine Partei, auf die mehr als die Hälfte der Gesamtzahl der Zweitstimmen aller zu berücksichtigenden Parteien entfallen ist, nicht mehr als die Hälfte der Sitze, werden ihr weitere Sitze zugeteilt, bis auf sie ein Sitz mehr als die Hälfte der Sitze entfällt.* Die Grundgesamtheit, um die Absolutmehrheit der Stimmen zu prüfen, ist die Gesamtzahl der Zweitstimmen aller „zu berücksichtigenden Parteien". Nicht zu berücksichtigen sind Parteien, die an der Fünf-Prozent-Hürde scheitern und die weniger als drei Direktmandate erringen und die keine nationale Minderheit vertreten. Da solche Zwergparteien am Rande des öffentlichen Interesses stehen, klingt der parteienorientierte Bezug freundlicher als ein Bezug auf zuteilungsberechtigte Zweitstimmen. Ein wählerorientierter Bezug auf Zweitstimmen würde auf die Problematik hindeuten, dass der Gesetzgeber gültige Wählerstimmen einfach unter den Teppich kehrt. Der Bayerische Verfassungsgerichtshof formulierte 1966 mit bajuwarischer Deutlichkeit, dass gültige, aber nicht zuteilungsberechtigte Stimmen so angesehen werden, „als ob sie nicht abgegeben worden seien". Die Stoppregel, dass die Mehrheitspartei weitere Sitze bekommt, bis auf sie „ein Sitz mehr als die Hälfte" entfällt, ist mangelhaft. Sie passt für eine Bundestagsgröße von 598 Sitzen. Die Hälfte davon und ein Sitz mehr führen zu einer Absolutmehrheit von $299 + 1 = 300$ Sitzen in einem Plenum von $598 + 1 = 599$ Sitzen. Die Stoppregel versagt für ungerade Hausgrößen. In der Gemeindeversammlung Boostedt (Tab. 4.2) ergeben die Hälfte von 17 Sitzen plus ein Sitz $8.5 + 1 = 9.5$ Sitzbruchteile. Aber Bruchteilsitze gibt es nicht, auch nicht in Mehrheitsklauseln.

4.8 Mehrheit-Minderheit-Partition

Politische Vorgaben oder institutionelle Gegebenheiten diktieren gelegentlich, dass die nominelle Hausgröße genau eingehalten werden muss. Diese Vorgabe erfüllt die „Mehrheitsklausel mit Mehrheit-Minderheit-Partition". Stellt sich heraus, dass die ursprüngliche Sitzzuteilung nicht mehrheitstreu ist, wird sie als Ganzes verworfen. An ihre Stelle treten zwei eigenständige Zuteilungen, eine für die Mehrheitspartei und eine zweite für die übrigen Parteien: *Erhält eine Partei, auf die eine Absolutmehrheit der zuteilungsberechtigten Stimmen entfällt, keine Absolutmehrheit an Sitzen, wird ihr stattdessen die kleinstmögliche Absolutmehrheit an Sitzen zugewiesen und die übrigen Sitze werden den übrigen Parteien mit dem geltenden Zuteilungsverfahren neu zugeteilt.* Auch die Mehrheitsklausel mit Mehrheit-Minderheit-Partition kann mit jeder Zuteilungsmethode kombiniert werden. Der Preis für die starre Hausgröße ist eine Neuverteilung der Sitze, bei der Mehrheitstreue als Leitmotiv an den Anfang gestellt wird. Zu diesem korrigierenden Eingriff kommt es nur in den seltenen Fällen, in denen Mehrheitstreue in der anfänglichen Sitzzuteilung verfehlt wird.

In Boostedt (Tab. 4.2) hätte bei getrennten Zuteilungen an Mehrheitspartei und Minderheitsblock die CDU 9 von 17 Sitzen erhalten. Von den übrigen acht Sitzen wären sechs auf die SPD entfallen und zwei auf die FWG (mit Divisor 350).

Klaus Poier (2001) empfiehlt für den österreichischen Nationalrat ein „minderheitenfreundliches Mehrheitswahlrecht", das schon bei relativer Stimmenmehrheit eine absolute Sitzmehrheit schafft. Die Partei mit den meisten Stimmen bekommt die kleinstmögliche Absolutmehrheit an Sitzen zugesprochen, die übrigen Sitze werden im Verhältnis der Stimmenstärken unter die übrigen Parteien verteilt. Die Namensgebung betont die geänderte Sichtweise. Die Betonung liegt nun auf einem Mehrheitswahlrecht, das ergänzt wird durch eine Verhältniswahl im Minderheitenblock.

Die Mehrheitsklausel mit Mehrheit-Minderheit-Partition lässt sich auch auf einen Mehrheitsblock anwenden, der aus einer Koalition mehrerer Parteien besteht. Dann werden für beide Blöcke eigenständige Sitzzuteilungen bestimmt. Die Parallelführung von Mehrheit und Minderheit hat ein historisches Vorbild. Im Westfälischen Frieden von Münster und Osnabrück 1648 wurden parlamentarische Verfahren kodifiziert, um die friedliche Koexistenz der beiden großen christlichen Konfessionen zu sichern. Dazu zählt als Verfahrensparität die „itio in partes", das „Auseinandergehen in die Teile". Sie garantiert eine Parallelführung ungleicher Teile, deren Identitätswahrung als konstituierend für das Ganze angesehen wird. Im konfessionellen Zeitalter waren diese Teile das Corpus Catholicorum und das Corpus Evangelicorum, in demokratischen Staatswesen sind es (Regierungs-)Mehrheit und (Oppositions-)Minderheit.

Wir illustrieren die Mehrheitsklausel mit Mehrheit-Minderheit-Partition am Beispiel der Besetzung der Bundestagsbank im Vermittlungsausschuss in der 15. Legislaturperiode 2002–2005. Der Vermittlungsausschuss soll einen Konsens zwischen Bundestag und Bundesrat finden, wenn vom Bundestag beschlossene Gesetze im Bundesrat abgelehnt werden. Der Bundesrat entsendet pro Bundesland ein Mitglied in den Vermittlungsausschuss. Ebenso viele Mitglieder stellt der Bundestag, die entsprechend den Fraktionsstärken benannt werden. Bei sechzehn Bundesländern hat die Bundesratsbank 16 Mitglieder und die Bundestagsbank auch. Diese Vertretungsgröße ist also fest und kann ohne aufwendiges parlamentarisches Verfahren nicht geändert werden.

Zu Beginn der Legislaturperiode hatten die Fraktionen der Regierungsparteien SPD und Bündnis 90/Die Grünen 251 und 55 Abgeordnete. Die Oppositionsfraktionen CDU/CSU und FDP umfassten 248 und 47 Abgeordnete. Von der sechzehnköpfigen Bundestagsbank entfallen somit $7 + 1 = 8$ Sitze auf die Regierungsmehrheit und ebenfalls $7 + 1 = 8$ Sitze auf die Oppositionsminderheit (Divisor 37). Dieses Patt ergibt sich sowohl mit der vom Bundestag hauptsächlich benutzten Divisormethode mit Standardrundung als auch mit den im Bundestag gelegentlich erwogenen zwei Alternativen, der Divisormethode mit Abrundung und der Hare-Quotenmethode mit Ausgleich nach größten Resten. Die Mehrheitsklausel mit Mehrheit-Minderheit-Partition würde es erlauben, die Divisormethode mit Standardrundung beizubehalten. Die Regierungsfraktionen bekämen eine Mehrheit von $7 + 2 = 9$ Sitzen (Divisor 35), die Oppositionsfraktionen blieben mit $6 + 1 = 7$ Sitzen (Divisor 40) in der Minderheit. Siehe Tab. 4.3.

Tab. 4.3 *Mehrheitsklausel mit Mehrheit-Minderheit-Partition im 15. Deutschen Bundestag.* Die Divisormethode mit Standardrundung führt zu einem Patt zwischen Regierungsmehrheit und Oppositionsminderheit. Die Partitionsklausel (MMP) sichert den Regierungsfraktionen eine Mehrheit

15BT2002	Fraktionsstärke	DivStd	MMP
Mehrheit der Regierungsfraktionen			
SPD	251	7	7
B90/GRÜNE	55	1	2
Minderheit der Oppositionsfraktionen			
CDU/CSU	248	7	6
FDP	47	1	1
Summe	601	16	16
Divisor(en)		37	35|40

4.9 Mehrheitsklausel von Niemeyer

Als letztes behandeln wir die Mehrheitsklausel von Niemeyer. Sie ist ganz auf eine Zuteilungsmethode zugeschnitten, nämlich auf die – nach dem Engländer *Thomas Hare* benannte – Hare-Quotenmethode mit Ausgleich nach größten Resten (HaQgrR).

Quotenmethoden und Divisormethoden versehen die beiden Schritte „Skalierung" und „Diskretisierung" von Sitzzuteilungsverfahren mit gegengleichen Gewichtungen. Quotenmethoden arbeiten mit einem festen Divisor – dann „Quote" genannt – und flexibilisieren die Rundungsregel. Dagegen ist bei Divisormethoden die Rundungsregel fest und der Divisor flexibel. Demgemäß heißt im Deutschen eine Quote auch „fester Wahlschlüssel" und ein Divisor „beweglicher Wahlschlüssel". Auf den ersten Blick hin ist nicht zu sehen, wie die beiden Familien zu werten sind. Jedoch wird bei eingehender Analyse klar, dass Divisormethoden mit ihren strukturellen Eigenschaften weit überlegen sind zu dem, was Quotenmethoden zu bieten haben (PR 118–125). Deshalb widmet dieser Kompaktkurs den Divisormethoden viel Raum und den Quotenmethoden wenig (Abschn. 8.2). Fürs Erste begnügen wir uns mit der prominentesten Quotenmethoden, HaQgrR.

Die „Hare-Quote" ist dasselbe wie das Gesamtstimmen-zu-Gesamtsitze-Verhältnis, $Q = v_+/h$. Damit berechnet man die Idealansprüche der Parteien, v_j/Q. Wenn es Bruchteile von Sitzen gäbe, wären die Idealansprüche die ideale Proporzlösung. Da es Sitzbruchteile nicht gibt, gliedert sich die Hare-Quotenmethode mit Ausgleich nach größten Resten in Hauptzuteilung und Restausgleich. In der „Hauptzuteilung" bekommt jede Partei $j \leq \ell$ so viele Sitze, wie die Ganzzahl ihres Idealanspruchs angibt: $y_j := \lfloor v_j/Q \rfloor$. Die Hauptzuteilung vergibt somit y_+ Sitze.

Im „Restausgleich" wird von den verbleibenden $h - y_+$ „Restsitzen" je einer an diejenigen Parteien ausgegeben, bei denen die Bruchzahlen ihrer Idealansprüche am größten sind. Mit anderen Worten wird für den gegebenen Votenvektor $v = (v_1, \ldots, v_\ell)$ ein Split $r(v)$ bestimmt, so dass für Idealansprüche mit Bruchzahl größer als $r(v)$ die Sitzzahl x_j

durch Aufrundung entsteht, $x_j = y_j + 1 = \lceil v_j/Q \rceil$, und für Idealansprüche mit Bruchzahl kleiner als $r(v)$ durch Abrundung, $x_j = y_j = \lfloor v_j/Q \rfloor$.

Die Hare-Quotenmethode mit Ausgleich nach größten Resten kann die Mehrheitstreue nur auf die Art verletzen, dass eine Mehrheitspartei beim Restausgleich leer ausgeht (PR 151). Dem wirkt die „Mehrheitsklausel von Niemeyer" entgegen: *Erhält eine Partei, auf die eine Absolutmehrheit der zuteilungsberechtigten Stimmen entfällt, keine Absolutmehrheit an Sitzen, wird der Restausgleich neu vorgenommen, indem zunächst die Mehrheitspartei einen Restsitz bekommt und dann die übrigen Restsitze in der Reihenfolge der höchsten Bruchzahlen der Idealansprüche zugeteilt werden.* Mit anderen Worten muss die Partei, die vorher den letzten Restsitz erhielt, diesen nun zur Mehrheitssicherung an die Mehrheitspartei abtreten.

Niemeyers Mehrheitsklausel wird schon von Jules Gfeller (1890) erwähnt. *Horst Friedrich Niemeyer* empfahl sie dem Bundestag 1982 im Zuge der Diskussionen, auf die in Abschn. 4.6 verwiesen wurde, siehe Niemeyer/Niemeyer (2008). Die in Deutschland gängige Bezeichnung „Hare/Niemeyer-Verfahren" verweist genau genommen auf die Hare-Quotenmethode mit Ausgleich nach größten Resten zusammen mit ihrer Modifizierung durch die Mehrheitsklausel von Niemeyer. Da die Funktion von Mehrheitsklauseln aber oft unverstanden bleibt, wird die Bezeichnung auch synonym für die (unmodifizierte) Hare-Quotenmethode mit Ausgleich nach größten Resten benutzt.

Mindestbedingungen 5

Zusammenfassung
Sitzzuteilungsmethoden müssen neben der Verhältnismäßigkeit oft auch Zusatzbedingungen erfüllen, die aus der Vielschichtigkeit von Wahlsystemen erwachsen. Am häufigsten sind Mindestbedingungen, die eine Mindestzahl von Sitzen vorgeben. Seltener sind Maximalbedingungen, die Oberschranken festlegen. Alle Divisormethoden lassen sich mühelos variieren, um solchen Zusatzbedingungen Genüge zu tun. Drei Beispiele für die Bestimmung der Sitzkontingente von Wahldistrikten illustrieren, dass die bedingten Varianten von Divisormethoden den praktischen Zielsetzungen komplexer Zuteilungssysteme hervorragend gerecht werden.

5.1 Zur Komplexität von Verhältniswahlsystemen

Systeme der proportionalen Repräsentation werden gelegentlich auf die Aufgabe der Sitzzuteilung verkürzt, sei es die Sitzzuteilung an politische Parteien im Verhältnis ihrer Stimmenerfolge oder an territoriale Distrikte im Verhältnis ihrer Bevölkerungsgrößen. Die verkürzte Aufgabenstellung erweist sich oft als unzureichend, sobald das System in allen Einzelheiten verstanden werden soll. Denn Verhältniswahlsysteme sind Regelwerke von beträchtlicher Komplexität, in denen zwar an zentraler Stelle eine Verhältnisrechnung auftaucht, in denen aber andere Zusatzbedingungen ebenfalls zu berücksichtigen sind. Zusatzbedingungen in der konkreten Form von Mindestbedingungen und Maximalbedingungen sind das Thema dieses Kapitels.

Repräsentationssysteme beruhen auf drei Säulen. Die erste Säule ist die Vielzahl der Bürger und Bürgerinnen, die zu repräsentieren sind. Die zweite Säule sind die wenigen Menschen, die als Repräsentanten dienen und ins Parlament einziehen. Die dritte Säule sind die Institutionen, die die vielzählige Ausgangsgesamtheit bündeln und den Übergang zur Minderzahl der Mandatsträger bewerkstelligen. Heutzutage sind zwei Aggregationswege gängig. Entweder wird die Bürgerschaft nach territorialen Gesichtspunkten gegliedert; die bestimmenden Kennzahlen sind dann die Bevölkerungsgrößen. Oder die Bürgergesamtheit teilt sich gemäß dem politischen Parteienspektrum auf; dann werden die Stimmenzahlen entscheidend, die in der Wahl auf die Parteien entfallen. Früher gab es einen dritten Weg. Im mittelalterlichen Augsburg war das Wahlrecht der Bürger an die Zugehörigkeit zu einer Handwerkerzunft gebunden. Die Zunftmitgliedschaft stellte weder eine territoriale noch eine politische Untergliederung dar, sondern war ein Abbild der sozialen Ordnung der Gesellschaft.

Ob früher oder heute, zu allen Zeiten hatten und haben die Institutionen, die als Bindeglied zwischen Wählern und Gewählten nachrangig erst an dritter Stelle in den Blick kommen, die Unart, sich nach vorne zu schieben und die Wählerinnen und Wähler in den Schatten zu stellen. Hier werden wir der Wählerschaft ihre Stellung als handelnde Subjekte belassen. Die Institutionen spiegeln sich ergänzend in den Zusatzbedingungen wider, die in das Repräsentationssystem eingefügt werden.

Mindestbedingungen treten am häufigsten auf. Ihre Berechtigung ist leicht zu verstehen, wenn sich die Frage auf die territoriale Verteilung von Sitzen bezieht. Ist das gesamte Wahlgebiet in Regionen gegliedert, so nennen wir eine solche Region im Folgenden einen „Wahldistrikt" (engl. electoral district). Die maßgebliche Kennzahl für einen Wahldistrikt ist seine „Bevölkerungsgröße" (engl. population figure). Natürlich muss jedes Wahlsystem präzisieren, wie es den Begriff Bevölkerungsgröße definiert. Beispielsweise nehmen bei den Wahlen zum Europäischen Parlament die Mitgliedstaaten die Rolle der Wahldistrikte ein. Die Definition könnte sich auf die inländischen Einwohner beschränken oder auch die Unionsbürger umfassen oder sogar die Nicht-Unionsbürger mitzählen. Wir übergehen diese Problematik und nehmen an, dass die Bevölkerungsgrößen vorliegen und nicht umstritten sind.

Das Sitzkontingent, das einem Wahldistrikt zugeteilt wird, heißt „Distriktgröße" (engl. district magnitude). Theoretisch könnte eine Verteilungsrechnung damit enden, dass ein allzu dünn bevölkerter Distrikt gar keinen Sitz zugeteilt bekäme. Praktisch wäre ein solches Ergebnis weltfremd. Es würde bedeuten, dass Teile des Wahlgebiets im Parlament vollkommen unrepräsentiert blieben. Das drohende Malheur wird durch die Mindestbedingung umgangen, dass jedem Distrikt mindestens ein Sitz garantiert wird. So ist in den Vereinigten Staaten von Amerika jedem Gliedstaat ein Sitz im Repräsentantenhaus sicher und in der Schweiz jedem Kanton ein Sitz im Nationalrat und jeder Gemeinde ein Sitz im Kantonsrat. In all diesen Fällen ist die Ein-Sitz-Mindestbedingung in der Verfassung verankert. Jedes Gesetz, das die Sitzzuteilung regelt, muss dem Verfassungsbefehl gehorchen.

Die Einführung einer Ein-Sitz-Mindestbedingung provoziert die Frage, wieso bei einem Sitz haltgemacht wird und warum nicht zwei oder sechs oder soundso viele Sitze garantiert werden? Bei einem Sitz wird der Zwergdistrikt durch einen Politiker der Mehrheitspartei repräsentiert. Bei zwei Sitzen könnte auch die zweitstärkste Partei einen Vertreter entsenden, eine allzu einseitige Repräsentation des Zwergdistrikts wird vermieden. Und bei sechs Sitzen kann das Politikspektrum eines Distrikts sicherlich besser abgebildet werden als bei zwei Sitzen. In der Tat sind im Europäischen Parlament jedem

Mitgliedstaat mindestens sechs Sitze gewiss. Ob noch bescheiden oder schon exzessiv: die Sechs-Sitze-Mindestbedingung ist im Vertrag von Lissabon, dem Primärrecht der Union, festgeschrieben und muss eingehalten werden.

Zudem liefert das Europäische Parlament ein Beispiel für eine Maximalbedingung. Der Vertrag von Lissabon legt fest: *Kein Mitgliedstaat erhält mehr als 96 Sitze.* Die Regelung hat einen Vorläufer in der Weimarer Republik. Für den Reichsrat, in dem als zweite Kammer die Länder mit Stimmenkontingenten je nach Bevölkerungsgröße repräsentiert waren, hieß es in der Weimarer Verfassung: *Kein Land darf durch mehr als zwei Fünftel aller Stimmen vertreten sein.* Die Zwei-Fünftel-Deckelung war während der Amtsdauer des Reichsrates 1919–1934 durchgängig wirksam. Sie beschränkte die Vertretung des größten Landes der Republik, Preußens.

Demgegenüber ist die Deckelung im Europäischen Parlament durch eine absolute Sitzzahl gegeben: 96. Wo kommt die Zahl 96 her? Es gibt keine schlüssige Antwort. Ausgangspunkt war das Einverständnis, dass es kein dreistelliges Sitzkontingent geben sollte. Dies erklärt die Obergrenze von 99 Sitzen, die bis zum Vertrag von Lissabon Geltung hatte. Die Deckelung mit 96 Sitzen wurde von der Regierungskonferenz in Nizza im Dezember 2000 beschlossen. Es gibt kein Verhandlungsdokument und keine Presseerklärung, die eine Begründung für den Beschluss andeuten. Die 96-Sitze-Maximalbedingung trifft derzeit nur Deutschland. Weder hat die deutsche Bundesregierung die Verringerung des Kontingents von 99 auf 96 Sitze jemals erläutert, noch hat der Deutsche Bundestag die Regierung jemals nach einer Erläuterung gefragt.

Bei der Sitzzuteilung an Wahldistrikte sind Mindest- und Maximalbedingungen statischer Natur. Alle Distrikte bekommen dieselbe Zahl an Grundmandaten garantiert oder werden derselben Deckelung unterworfen. Diese Zusatzbedingungen stehen a priori fest und hängen nicht von den aktuellen Bevölkerungsgrößen ab. In den Abschn. 5.4–5.6 diskutieren wir drei Beispiele.

Bei der Sitzzuteilung an Parteien können Mindestbedingungen ebenfalls auftreten. Die Mindestbedingungen ergeben sich a posteriori auf Grund der Stimmenergebnisse, die am Ende der Wahl festgestellt werden. Sie gewinnen dadurch einen eher dynamischen Charakter. Ihr Zweck ist, den Wählerinnen und Wählern einen Einfluss auf die personelle Zusammensetzung des Parlaments zu ermöglichen, der größer ist als bei einer reinen – das heißt nicht durch Zusatzbedingungen eingeschränkten – Listenwahl. Hauptbeispiel ist das Wahlsystem für den Deutschen Bundestag, dem das nachfolgende Kapitel 6 gewidmet ist.

5.2 Divisormethoden mit Zusatzbedingungen

Es ist ein Leichtes, Divisormethoden so abzuwandeln, dass sie vorgegebene Mindestbedingungen oder Maximalbedingungen einhalten. Am Anfang steht nach wie vor der Skalierungsschritt. Mit einem Divisor $D > 0$ werden die Stimmenzahlen v_j aller Parteien $j \leq \ell$ so skaliert, dass die Quotienten v_j/D in die Nähe von ganzen Zahlen fallen, die größenordnungsmäßig als Sitzzahlen dienen können. Erst bei der abschließenden Rundung kommen die Zusatzbedingungen zum Tragen. Werden einer Partei j mindestens a_j Sitze garantiert, dann ist ein zu kleiner Quotient v_j/D auf die Mindestsitzzahl a_j anzuheben. Darf eine Partei j höchstens b_j Sitze bekommen, dann ist ein zu großer Quotient v_j/D auf die Maximalsitzzahl b_j abzusenken.

Um diese Idee formal zu erfassen, sind einige Vorüberlegungen am Platz. Wir betrachten wieder die Zuteilung von h Sitzen an ℓ Parteien. Die Mindestbedingungen seien im Vektor $a = (a_1, \ldots, a_\ell) \in \mathbb{N}^\ell$ zusammengefasst und die Maximalbedingungen im Vektor $b = (b_1, \ldots, b_\ell) \in \mathbb{N}^\ell$. Natürlich sollen die Zusatzbedingungen „systemverträglich" sein, was zweierlei bedeutet. Erstens müssen Mindestbedingungen und Maximalbedingungen Raum für denkbare Sitzzahlen lassen,

$$a_j \leq b_j \quad \text{für alle } j \leq \ell.$$

Zweitens darf die Zahl der verfügbaren Sitze nicht kleiner sein als die Summe der Mindestbedingungen und nicht größer als die Summe der Maximalbedingungen,

$$a_+ \leq h \leq b_+.$$

Im Folgenden sei immer stillschweigend angenommen, dass die betrachteten Zusatzbedingungen systemverträglich sind.

Die Zusatzbedingungen machen sich als Einschränkungen bei der Rundungsregel bemerkbar. Im Allgemeinen beruht eine Rundungsregel $[\![\cdot]\!]$ auf ihrer korrespondierenden Sprungstellenfolge $s(0), s(1), s(2), \ldots$ (Abschn. 1.8). Bei Vorliegen einer Mindestbedingung a_j oder einer Maximalbedingung b_j wird die Rundungsregel abgewandelt zur „zusatzbedingten Variante" $[\![\cdot]\!]_{a_j}^{b_j}$, die für positive Quotienten $t > 0$ definiert ist durch

$$[\![t]\!]_{a_j}^{b_j} := \begin{cases} \{b_j\} & \text{falls } t > b_j \text{ oder } t = b_j = s(b_j + 1), \\ [\![t]\!] & \text{falls } t \in (a_j; b_j) \text{ oder } t = a_j > s(a_j) \text{ oder } t = b_j < s(b_j + 1), \\ \{a_j\} & \text{falls } t < a_j \text{ oder } t = a_j = s(a_j). \end{cases}$$

Das Argument null wird auch weiterhin unzweideutig zu null gerundet, $[\![0]\!]_{a_j}^{b_j} := \{0\}$.

Von den Bindungsfällen $a_j = s(a_j)$ oder $b_j = s(b_j + 1)$ kann höchstens einer auftreten (Abschn. 1.8c). Tritt keiner auf, $a_j \neq s(a_j)$ und $b_j \neq s(b_j + 1)$, vereinfacht sich die Definition zu

$$[\![t]\!]_{a_j}^{b_j} := \begin{cases} \{b_j\} & \text{falls } t > b_j, \\ [\![t]\!] & \text{falls } t \in [a_j; b_j], \\ \{a_j\} & \text{falls } t < a_j. \end{cases}$$

5.2 Divisormethoden mit Zusatzbedingungen

Die Vereinfachung ist anwendbar bei stationären Sprungstellenfolgen mit Splittparameter $r \in (0;1)$ oder bei den Potenzmittel-Sprungstellenfolgen mit Exponentenparameter $p \in \mathbb{R}$. Insbesondere erfasst sie die wichtigste Rundungsregel, die Standardrundung. Damit sind die vorbereitenden Überlegungen abgeschlossen.

Wir wenden uns nun den Divisormethoden selbst zu. Wie üblich bezeichne A die Divisormethode zur Rundungsregel $[\![\cdot]\!]$ (Abschn. 2.2). Bei gegebenen Zusatzbedingungen ordnet die „zusatzbedingte Variante" A_a^b einem Votenvektor $v \in (v_1, \ldots, v_\ell) \in (0;\infty)^\ell$ die Menge der Sitzevektoren zu, die definiert ist gemäß

$$A_a^b(h; v) := \left\{ (x_1, \ldots, x_\ell) \in \mathbb{N}^\ell(h) \ \Big| \ \text{Es gibt } D > 0 : x_1 \in \left[\!\!\left[\frac{v_1}{D}\right]\!\!\right]_{a_1}^{b_1}, \ldots, x_\ell \in \left[\!\!\left[\frac{v_\ell}{D}\right]\!\!\right]_{a_\ell}^{b_\ell} \right\}.$$

Die zusatzbedingte Variante lässt sich folgendermaßen in Worte fassen. *Für jede Partei wird ihre Stimmenzahl durch denselben Divisor geteilt. Ist das Teilungsergebnis kleiner als die Mindestsitzahl der Partei, wird es zu dieser Mindestsitzahl aufgerundet. Ist es größer als die Maximalsitzahl, wird es zu dieser Maximalsitzahl abgerundet. Jedes andere Teilungsergebnis wird mit der festgelegten Rundungsregel gerundet. Das ergibt die Sitzzahl der betreffenden Partei. Die Wahlleitung bestimmt den Divisor so, dass bei diesem Vorgehen alle verfügbaren Sitze vergeben werden.*

Der kursive Text normiert das Sitzzuteilungsverfahren in eindeutiger Weise. Insbesondere hat der letzte Satz nicht zur Folge, dass die Wahlleitung durch die Divisorbestimmung die Sitzzahlen manipulieren kann. Zwar ist der Divisor flexibel (im Rahmen des Divisorintervalls, Abschn. 2.5), aber die Sitzzahlen selbst sind eindeutig festgelegt. Einzig im Fall von Bindungen können mehrere gleichberechtigte Sitzzuteilung heraus kommen; dann wird ein Losentscheid fällig wie eh und je.

Das Sitzzuteilungsergebnis mit der bedingten Variante wird treffend erfasst durch den Lösungssatz: *Auf je D Stimmen[bruchteile] entfällt rund ein Sitz, außer wenn die Mindestbedingungen mehr Sitze oder die Maximalbedingungen weniger Sitze erfordern.*

Zusatzbedingte Varianten einer Divisormethode sind anonym, balanciert, konkordant, homogen und exakt (Abschn. 2.3), soweit die Zusatzbedingungen es erlauben. Ein Sitzevektor $x \in \mathbb{N}^\ell(h)$ heißt „zulässig", falls er die Zusatzbedingungen erfüllt: $a_j \leq x_j \leq b_j$ für alle $j \leq \ell$. Ein zulässiger Sitzevektor x ist für den Votenvektor v eine Lösung des Zuteilungsproblems, $x \in A_a^b(h; v)$, genau dann, wenn die Max-Min-Ungleichung in der Form

$$\max_{j \leq \ell : x_j < b_j} \frac{v_j}{s(x_j + 1)} \leq \min_{j \leq \ell : x_j > a_j} \frac{v_j}{s(x_j)}$$

gilt (Abschn. 2.4). Die Max-Min-Ungleichung legt das Divisorintervall fest sowie den Zitierdivisor (Abschn. 2.5). Für das Hinzufügen eines Sitzes sind die Inkrementierungskandidaten $I(v, x)$ diejenigen Parteien i, deren Sitzzahl nicht durch die Maximalbedingung fixiert ist ($x_i < b_i$) und die Untergrenze des Divisorintervalls bestimmt

(Abschn. 2.6). Analoges gilt für die Dekrementierungskandidaten:

$$I(v,x) := \left\{ i \leq \ell \;\middle|\; x_i < b_i \text{ und } \frac{v_i}{s(x_i+1)} = \max_{j \leq \ell: x_j < b_j} \frac{v_j}{s(x_j+1)} \right\},$$

$$K(v,x) := \left\{ k \leq \ell \;\middle|\; x_k > a_k \text{ und } \frac{v_k}{s(x_k)} = \min_{j \leq \ell: x_j > a_j} \frac{v_j}{s(x_j)} \right\}.$$

Damit wird der Diskrepanzabbau-Algorithmus anwendbar (Abschn. 2.7). Der universelle Anfangsdivisor, das Gesamtstimmen-zu-Gesamtsitze-Verhältnis v_+/h, bewährt sich als praktisch voll befriedigende Initialisierung (Abschn. 2.9).

5.3 Unproportionalitätsindex

Zusatzbedingungen verkleinern die Menge der Sitzevektoren, in der nach einer proportionalen Zuteilung gesucht wird. Ohne Zusatzbedingungen ist dies die Menge $\mathbb{N}^\ell(h)$ der Vektoren mit ℓ natürlichen Komponenten und Quersumme h (Abschn. 2.1). Mindestbedingungen $a = (a_1, \ldots, a_\ell) \in \mathbb{N}^\ell$ und Maximalbedingungen $b = (b_1, \ldots, b_\ell) \in \mathbb{N}^\ell$ induzieren den Quader $[a;b] := [a_1;b_1] \times \cdots \times [a_\ell;b_\ell]$ im Raum $\mathbb{R}^\ell$. Damit stellt sich die Verkleinerung der Menge der zulässigen Sitzevektoren als Durchschnitt dar,

$$\mathbb{N}^\ell(h) \cap [a;b].$$

Die Forderung, dass die Zusatzbedingungen systemverträglich sein sollen, ist gleichbedeutend damit, dass die verkleinerte Menge nichtleer ist. Wie zuvor existieren also zulässige Sitzevektoren, nur gibt es eben weniger davon.

Weniger zulässige Sitzevektoren führen notwendig dazu, dass die Lösungsvektoren mit Zusatzbedingungen möglicherweise einen geringeren Grad an Proportionalität aufweisen als die Lösungsvektoren ohne Zusatzbedingungen. Wie lässt sich dieser Proportionalitätsverlust messen? Wir orientieren uns an der verfassungsrechtlichen Sicht, die vom Bundesverfassungsgericht vertreten wird. Diese Sichtweise ist durch das Schlagwort „Mandatsrelevanz" gekennzeichnet. Ausschlaggebend sind nicht die Verfahren, auf welchem Weg die Sitzzuteilungen berechnet werden, sondern die Unterschiede in den Sitzzahlen, die sich im Ergebnis einstellen. Demgemäß messen wir die Abweichung der zusatzbedingten Sitzzuteilung von der unbedingten Sitzzuteilung durch die Zahl der Sitztransfers, um die sich die beiden Zuteilungen voneinander unterscheiden.

Zur Präzisierung dieser Idee sei für eine zugrunde liegende Divisormethode A angenommen, dass der Sitzevektor $z \in A(h;v)$ eindeutig ist. Für Sitzevektoren $x \in A_a^b(h;v)$ der bedingten Variante A_a^b bezeichne $|x-z| := |x_1 - z_1| + \cdots + |x_\ell - z_\ell|$ die Summe der (vorzeichenlosen) Unterschiede zu z. Der oben motivierte „Unproportionalitätsindex" $u(x)$ der zusatzbedingten Sitzzuteilung x wird dann definiert durch

$$u(x) := \frac{1}{2}|x-z|.$$

Der Faktor 1/2 erklärt sich daher, dass jeder Sitztransfer zwei Sitzzahlen berührt, denn eine wird größer und eine andere kleiner. Beispielsweise hat eine bedingte Lösung $x = (8, 4, 2, 1, 1, 0)$ im Hinblick auf eine unbedingte Ideallösung $z = (7, 4, 2, 1, 1, 1)$ den Unproportionalitätsindex eins, denn aus $x - z = (1, 0, 0, 0, 0, -1)$ folgt $|x - z| = 2$ und $u(x) = 1$. Ein einziger Sitztransfer in x, nämlich zwischen der ersten Partei und der letzten, ist ausreichend, um die Ideallösung z zu erreichen. Weitere Beispiele liefern die Anwendungsfälle, denen wir uns nun zuwenden.

5.4 Sitzzuteilung im US-Repräsentantenhaus

Das Repräsentantenhaus der Vereinigten Staaten von Amerika ist das Parlament, das Methoden der Verhältnisrechnung am längsten einsetzt. Die Sitze des Repräsentantenhauses sind unter die Gliedstaaten der Union im Verhältnis der Bevölkerungsgrößen aufzuteilen. Die US-Verfassung gibt in Artikel 1 Absatz 2 folgendes vor:

„Representatives and direct Taxes shall be apportioned among the several States which may be included within this Union, according to their respective Numbers, ... The number of Representatives shall not exceed one for every thirty Thousand, but each State shall have at Least one Representative; ..."

Die Abgeordnetenmandate und die direkten Steuern werden auf die einzelnen Staaten, die diesem Bund angeschlossen sind, im Verhältnis zu ihrer Bevölkerungsgröße verteilt; ... Auf je dreißigtausend Einwohner darf nicht mehr als ein Abgeordneter kommen, doch soll jeder Staat durch wenigstens einen Abgeordneten vertreten sein; ...

Schon bei der ersten Volkszählung 1791 waren sich die Gründerväter uneins über die Umsetzung der Verfassungsgebote. *Alexander Hamilton* schlug ein Zuteilungsverfahren vor, das unsere Systematik als die Hare-Quotenmethode mit Ausgleich nach größten Resten ausweist. *Thomas Jefferson* favorisierte die Divisormethode mit Abrundung. Der Streit veranlasste Präsident *George Washington*, zum ersten Mal im Leben der jungen Republik das präsidiale Vetorecht auszuüben. Das war aber nicht das letzte Wort, im Gegenteil. Nach nahezu jeder der zehnjährlichen Volkszählungen flammte der parlamentarische Streit neu auf. Die vorgebrachten Argumente waren mathematisch manchmal richtig, manchmal falsch und oft unmathematisch. Letztlich war nämlich nicht wirklich die Zuteilungsmethode selbst der Streitgrund. Was wirklich schmerzte war die Umverteilung der Sitze, die durch die Bevölkerungsbewegung während der Eroberung des amerikanischen Westens ausgelöst wurde. Balinski/Young (2001) erzählen die Geschichte der Debatten im Repräsentantenhaus, mit Akribie und Witz. Im Anhang ihres Buches destillieren die Autoren das heraus, was als „Theory of Apportionment", als Theorie der Zuteilungsmethoden, langfristig Bestand hat.

Erst 1941, nach 150 Jahren der Auseinandersetzung, beschloss der Kongress ein Gesetz, das nicht nur für die Volkszählung 1940 gelten sollte, sondern für alle Zukunft. Seither ist das gesetzliche Zuteilungsverfahren die Divisormethode mit geometrischer Rundung. Warum geometrische Rundung? Ihr Verfechter war der Mathematiker *Edward V. Huntington* von der Universität Harvard. Er hatte die schlechteren Argumente, verpasste der Methode aber ein gewinnendes Etikett: „method of equal proportions", Methode der gleichen Verhältnisse. Für „equal proportions", Verhältnistreue, kann sich jeder begeistern, das ist der Stein der Weisen. Das Konkurrenzverfahren war die Divisormethode mit Standardrundung. Ihr Fürsprecher war der Statistiker *Walter F. Willcox* von der Universität Cornell. Er hatte die besseren Argumente, nannte das Verfahren jedoch „method of major fractions". Das Etikett ist erklärungsbedürftig. Nur Quotienten mit *major fractions*, mit Bruchzahlen größer als ein halb, geben einen weiteren Sitz, solche mit *minor fractions*, mit Bruchzahlen kleiner als ein halb, fallen auf ihre Ganzzahl zurück. Wer bei der *method of major fractions* mitreden will, braucht Durchblick. Die Entscheidung für die Divisormethode mit geometrischer Rundung fußt aber nicht nur auf einem Etikettenschwindel. Die Gunst der Stunde wollte es, dass diese Methode der herrschenden Mehrheitspartei zum Vorteil gereichte.

Kehren wir zur Kernfrage zurück, den Auswirkungen der Mindestbedingungen von einem Sitz pro Gliedstaat. Für ein lehrreiches Zahlenbeispiel sind die jüngeren Volkszählungen unergiebig, weshalb wir auf den 17. Zensus im Jahr 1950 zurückgreifen. In Tab. 5.1 enthalten die drei linken Spalten die achtundvierzig Gliedstaaten von damals, ihre „Zuteilungsbevölkerung" (engl. apportionment population) und die Mindestbedingung von je einem Sitz. Um Größeneffekte leichter erkennen zu können, sind die Gliedstaaten nach fallenden Einwohnerzahlen gereiht. Die sechs rechten Spalten zeigen die Methoden DivGeo, DivStd und DivStd•, wobei jeweils die Quotienten der Zwischenrechnung und die Sitzzuteilungen selbst angegeben sind.

Bei DivGeo, der Divisormethode mit geometrischer Rundung, entfällt auf je 347 400 Einwohner rund ein Sitz. Die Methode ist undurchlässig, da die erste Sprungstelle null ist, $\widetilde{s}_0(1) = \sqrt{0 \cdot 1} = 0$ (Abschn. 2.2). Kein Beteiligter kann leer ausgehen. Die Ein-Sitz-Mindestbedingungen werden immer und automatisch erfüllt, sie brauchen gar nicht erst thematisiert zu werden. Dies ist sicherlich ein Vorteil des Verfahrens. Nachteilig ist die diffizile Rundungsvorschrift. Zum Beispiel hat Kansas den Quotienten 5.48. Im Intervall [5; 6] entscheidet die Sprungstelle $\widetilde{s}_0(6) = \sqrt{5 \cdot 6} = 5.477$. Weil 5.48 größer als 5.477 ist, wird aufgerundet. Kansas erhält 6 Sitze. Der Quotient von Kentucky ist 8.48. Hier ist die Sprungstelle $\widetilde{s}_0(9) = \sqrt{8 \cdot 9} = 8.485$ maßgeblich. Weil 8.48 kleiner ist als 8.485, wird abgerundet. Kentucky bekommt 8 Sitze. Dass 5.48 auf- und 8.48 abgerundet wird, ist nur mit Rechnung nachvollziehbar. Noch problematischer ist, dass die Methode Sitzverzerrungen zugunsten bevölkerungsärmerer Gliedstaaten und zulasten bevölkerungsreicherer Gliedstaaten aufweist. Denn in allen Intervallen $[n - 1; n]$ liegen die Sprungstellen links der Mitte, $\sqrt{(n-1)n} < n - 1/2$. Die nichthälftige Intervallteilung bewirkt einen Verzerrungseffekt genauso wie bei den stationären Divisormethoden mit Splitparameter $r < 1/2$ (Abschn. 3.5). Man sieht den Effekt in Tab. 5.1. DivGeo

5.4 Sitzzuteilung im US-Repräsentantenhaus

Tab. 5.1 *Zuteilung der 435 Repräsentantenhaussitze an die Gliedstaaten 1950.* Seit 1941 ist das gesetzliche Zuteilungsverfahren die Divisormethode mit geometrischer Rundung „DivGeo". Diese Methode hält die von der Verfassung vorgegebenen Mindestbedingungen von einem Sitz pro Gliedstaat automatisch ein. Die Anwendung der (reinen) Divisormethode mit Standardrundung „DivStd" würde die Mindestbedingung verletzen, weil Nevada durch Abrundung des Quotienten 0.46 leer ausgeht. Dagegen würde die mindestbedingte Variante „DivStd•" den Quotienten 0.46 aufrunden, worauf der Blickfang (•) hinweist. Der Unproportionalitätsindex ist eins, die Zuteilungen unterscheiden sich um den einen Sitztransfer zwischen Tennessee und Nevada

US17Zensus1950	Bevölkerung	Min	Quotient	DivGeo	Quotient	DivStd	Quotient	DivStd•
New York	14 830 192	1	42.7	43	42.8	43	42.7	43
California	10 586 223	1	30.47	30	30.6	31	30.51	31
Pennsylvania	10 498 012	1	30.2	30	30.3	30	30.3	30
Illinois	8 712 176	1	25.1	25	25.1	25	25.1	25
Ohio	7 946 627	1	22.9	23	22.9	23	22.9	23
Texas	7 711 194	1	22.2	22	22.3	22	22.2	22
Michigan	6 371 766	1	18.3	18	18.4	18	18.4	18
New Jersey	4 835 329	1	13.9	14	14.0	14	13.9	14
Massachusetts	4 690 514	1	13.5	14	13.54	14	13.52	14
North Carolina	4 061 929	1	11.7	12	11.7	12	11.7	12
Missouri	3 954 653	1	11.4	11	11.4	11	11.4	11
Indiana	3 934 224	1	11.3	11	11.4	11	11.3	11
Georgia	3 444 578	1	9.9	10	9.9	10	9.9	10
Wisconsin	3 434 575	1	9.9	10	9.9	10	9.9	10
Virginia	3 318 680	1	9.6	10	9.6	10	9.6	10
Tennessee	3 291 718	1	9.48	9	9.501	10	9.49	9
Alabama	3 061 743	1	8.8	9	8.8	9	8.8	9
Minnesota	2 982 483	1	8.6	9	8.6	9	8.6	9
Kentucky	2 944 806	1	8.48	8	8.499	8	8.49	8
Florida	2 771 305	1	8.0	8	8.0	8	8.0	8
Louisiana	2 683 516	1	7.7	8	7.7	8	7.7	8
Iowa	2 621 073	1	7.54	8	7.6	8	7.6	8
Washington	2 378 963	1	6.8	7	6.9	7	6.9	7
Maryland	2 343 001	1	6.7	7	6.8	7	6.8	7
Oklahoma	2 233 351	1	6.4	6	6.4	6	6.4	6
Mississippi	2 178 914	1	6.3	6	6.3	6	6.3	6
South Carolina	2 117 027	1	6.1	6	6.1	6	6.1	6
Connecticut	2 007 280	1	5.8	6	5.8	6	5.8	6
West Virginia	2 005 552	1	5.8	6	5.8	6	5.8	6
Arkansas	1 909 511	1	5.5	6	5.51	6	5.503	6
Kansas	1 905 299	1	5.48	6	5.499	5	5.49	5
Oregon	1 521 341	1	4.4	4	4.4	4	4.4	4
Nebraska	1 325 510	1	3.8	4	3.8	4	3.8	4
Colorado	1 325 089	1	3.8	4	3.8	4	3.8	4
Maine	913 774	1	2.6	3	2.6	3	2.6	3
Rhode Island	791 896	1	2.3	2	2.3	2	2.3	2
Arizona	749 587	1	2.2	2	2.2	2	2.2	2
Utah	688 862	1	2.0	2	2.0	2	2.0	2
New Mexico	681 187	1	2.0	2	2.0	2	2.0	2
South Dakota	652 740	1	1.9	2	1.9	2	1.9	2
North Dakota	619 636	1	1.8	2	1.8	2	1.8	2
Montana	591 024	1	1.7	2	1.7	2	1.7	2
Idaho	588 637	1	1.7	2	1.7	2	1.7	2
New Hampshire	533 242	1	1.5	2	1.54	2	1.54	2
Vermont	377 747	1	1.1	1	1.1	1	1.1	1
Delaware	318 085	1	0.9	1	0.9	1	0.9	1
Wyoming	290 529	1	0.8	1	0.8	1	0.8	1
Nevada	160 083	1	0.5	1	0.46	0	0.46•	1
Summe (Divisor)	149 895 183	48	(347 400)	435	(346 470)	435	(347 000)	435

transferiert zwei Sitze von den größeren Staaten California und Tennessee zu den kleineren Staaten Kansas und Nevada, wenn wir das DivGeo-Ergebnis mit dem Ergebnis der unverzerrten Methode DivStd vergleichen.

Bei DivStd, der Divisormethode mit Standardrundung, entfällt auf je 346 470 Einwohner rund ein Sitz. Die Methode ist durchlässig, Quotienten kleiner als ein halb werden zu null gerundet und verschwinden. Die Annullierung trifft Nevada: mit dem Quotienten 0.46 würde dorthin kein Sitz zugeteilt. In Anbetracht der Verfassungsgarantie von mindestens einem Sitz ist das Ergebnis verfassungswidrig. Bei anderen Zahlen kann es durchaus passieren, dass kein Gliedstaat weggerundet wird. So wären bei den Volkszählungen ab 1960 auf alle Gliedstaaten jeweils mindestens ein Sitz entfallen. Dies ist der Grund, warum Tab. 5.1 auf das Jahr 1950 zurückgreift.

Bei DivStd•, der mindestbedingten Variante der Divisormethode mit Standardrundung, entfällt auf je 347 000 Einwohner rund ein Sitz, außer wenn die Mindestbedingungen einen Sitz erfordern. Der Punkt • ist unsere generelle Kennzeichnung zusatzbedingter Varianten. Der Punkt wird bei solchen Quotienten wiederholt, die sich nicht der gegebenen Rundungsregel unterwerfen, sondern deren Rundungen durch die Zusatzbedingungen bestimmt werden. Im Beispiel verlangen die Ein-Sitz-Mindestbedingungen, alle Quotienten, die kleiner als eins sind, zu eins aufzurunden (Abschn. 5.2 mit $a_j = 1$ und $b_j = \infty$). Nur bei Nevada wird die Mindestbedingung aktiv. Um ihr zu genügen, wird der Quotient 0.46 zu eins aufgerundet. Der Unproportionalitätsindex beträgt einen Sitz, denn die Ergebnisse von DivStd• und DivStd unterscheiden sich um genau einen Sitztransfer zwischen Tennessee und Nevada.

Das gesetzliche Zuteilungsverfahren, die Divisormethode mit geometrischer Rundung, und die Alternative, die mindestbedingte Variante der Divisormethode mit Standardrundung, liefern Zuteilungsergebnisse, die ebenfalls nur um einen Sitztransfer voneinander abweichen, nun zwischen California und Kansas. Fragen wir ausschließlich nach der bilateralen Stellung von California und Kansas, so ist für ihre 36 Sitze die DivStd-Aufteilung 31 : 5 die überzeugendere Antwort. Denn mit $10\,586\,223/(10\,586\,223 + 1\,905\,299) = .8475$ Anteil an der gemeinsamen Einwohnerschaft kommt California auf einen Idealanspruch von $.8475 \times 36 = 30.51$ Sitzbruchteilen. Dagegen hat Kansas mit .1525 Anteil einen Idealanspruch von $.1525 \times 36 = 5.49$ Sitzbruchteilen. Die meisten Menschen würden 30.51 und 5.49 wohl zu 31 und 5 runden, wenn sie müssten (PR 119). Dieses Argument spiegelt noch einmal die milden Sitzverzerrungen wider, die der Divisormethode mit geometrischer Rundung zu eigen sind. Ansonsten wird die Methode den Vorgaben der US-Verfassung durchaus gerecht.

5.5 Verteilung der Kantonsratssitze in Appenzell Ausserrhoden

In Europa zählt die Schweiz zu den Staaten mit langer Tradition im Gebrauch proportionaler Repräsentationsverfahren. Das föderale Selbstverständnis gebietet, dass bei der Verteilung von Parlamentssitzen auf territoriale Distrikte Verhältnismäßigkeit hinsichtlich

5.5 Verteilung der Kantonsratssitze in Appenzell Ausserrhoden

Tab. 5.2 *Verteilung der 65 Kantonsratssitze auf die Gemeinden des Kantons Appenzell Ausserrhoden. Bis 2011 erhielt jede Gemeinde einen Sitz vorab. Die verbleibenden 45 Sitze wurden mit der Hare-Quotenmethode mit Ausgleich nach größten Resten zugeteilt. Ab 2015 wird die mindestbedingte Variante „DivStd•" der Divisormethode mit Standardrundung benutzt. Bei den Bevölkerungsgrößen 2014 ist die Ein-Sitz-Mindestbedingung inaktiv. Auf je 830 Einwohner entfällt rund ein Sitz*

CH2014AR Gemeinde	Bevölkerung 2014	frühere Verteilung bis 2011 1 + HaQgrR	Sitze	zukünftige Verteilung ab 2015 Min	Quotient	DivStd•
Herisau	15 342	1 + 12.859	14	1	18.48	18
Teufen	6 038	1 + 5.061	6	1	7.3	7
Speicher	4 166	1 + 3.492	5	1	5.0	5
Heiden	4 031	1 + 3.378	4	1	4.9	5
Gais	3 052	1 + 2.558	4	1	3.7	4
Urnäsch	2 245	1 + 1.882	3	1	2.7	3
Walzenhausen	2 052	1 + 1.720	3	1	2.47	2
Waldstatt	1 790	1 + 1.500	3	1	2.2	2
Rehetobel	1 731	1 + 1.451	2	1	2.1	2
Wolfhalden	1 727	1 + 1.447	2	1	2.1	2
Bühler	1 702	1 + 1.426	2	1	2.1	2
Trogen	1 696	1 + 1.421	2	1	2.0	2
Schwellbrunn	1 492	1 + 1.250	2	1	1.8	2
Stein	1 375	1 + 1.152	2	1	1.7	2
Lutzenberg	1 253	1 + 1.050	2	1	1.51	2
Grub	1 020	1 + 0.855	2	1	1.2	1
Hundwil	976	1 + 0.818	2	1	1.2	1
Wald	832	1 + 0.697	2	1	1.0	1
Reute	662	1 + 0.555	2	1	0.8	1
Schönengrund	509	1 + 0.427	1	1	0.6	1
Summe (Splitt|Divisor)	53 691	20 + (.47)	65	20	(830)	65

der Bevölkerungsgrößen gewahrt bleibt. Im Bund sind es die Kantone, die die Distrikte darstellen, innerhalb eines Kantons sind es die Gemeinden. Allerdings könnte eine reine Verhältnisrechnung dazu führen, dass die bevölkerungsschwächsten Distrikte ohne Sitz blieben und im Parlament nicht repräsentiert wären. Deshalb garantieren Bundes- und Kantonsverfassungen jedem Distrikt mindestens einen Sitz im Parlament.

Wir zeigen am Beispiel des Kantons Appenzell Ausserrhoden, wie die verfassungsgarantierte Ein-Sitz-Mindestbedingung gehandhabt werden kann. Für die 2014 gültigen Bevölkerungsgrößen zeigt Tab. 5.2 die frühere Verteilung und die zukünftige Verteilung der 65 Kantonsratssitze auf die zwanzig Gemeinden.

Früher wurde die Ein-Sitz-Mindestbedingung so umgesetzt, dass jede der zwanzig Gemeinden vorab einen Sitz erhielt. Nur die restlichen 45 Sitze wurden der Verhältnisrechnung unterworfen und mit der Hare-Quotenmethode mit Ausgleich nach größten Resten zugeteilt (Abschn. 4.9). Hier beträgt die Hare-Quote $53\,691/45 = 1\,193.1$, Bruchzahlen über .47 geben einen Restsitz. Die Divisormethode mit Standardrundung hätte dasselbe Ergebnis geliefert. Es ist die unproportionale Vorabzuteilung, die eine Übervertretung kleinerer Gemeinden und eine Untervertretung größerer Gemeinden nach sich zieht. In den fünf größten Gemeinden leben etwa sechzig Prozent der Einwohner, im Kantonsrat wären sie mit nur 33 von 65 Sitzen vertreten.

Ab 2015 wird der Kanton die mindestbedingte Variante der Divisormethode mit Standardrundung anwenden. Auf die fünf größten Gemeinden entfallen nun mit 39 Sitzen genau sechzig Prozent der 65 Gesamtsitze, die verbesserte Verhältnistreue wird handfest sichtbar. Die Verhältnistreue des neuen Verfahrens zeigt sich auch am Beispiel der kleinsten Gemeinde Schönengrund. Mit 509 Einwohnern und bei Divisor 830 beträgt ihr Quotient 0.6 und wird standardgerundet zu 1. Die Gemeinde erhält ihren Sitz schon allein auf Grund der Verhältnistreue und ohne Berufung auf die Ein-Sitz-Mindestgarantie in der Kantonsverfassung. Bei den vorliegenden Bevölkerungsgrößen bleibt die Mindestbedingung im Hintergrund und wird gar nicht erst aktiviert.

5.6 Zusammensetzung des Europäischen Parlaments

Die Frage, wie die 751 Sitze des Europäischen Parlaments auf die Mitgliedstaaten zu verteilen sind, wartet noch auf eine abschließende Antwort. Das Europäische Parlament trägt sich mit der Absicht, ein formelmäßiges Verfahren festzulegen, das beständig, transparent und unparteiisch ist, hat aber noch keine Entscheidung getroffen. Eine denkbare Vorgehensweise soll im Folgenden erläutert werden.

Was für einen Staat das Verfassungsrecht ist, ist für die Union das Primärrecht, der Vertrag von Lissabon. Der Vertrag beinhaltet die klaren Vorgaben, dass das Parlament 751 Sitze nicht überschreiten darf und dass jeder Mitgliedstaat mindestens sechs und höchstens 96 Sitze erhält. Hinzu kommt der unklare Grundsatz, dass die Unionsbürgerinnen und Unionsbürger im Parlament „degressiv proportional" vertreten sind. Der Grundsatz bleibt im Unklaren, weil der Begriff „degressive Proportionalität" eine Neuschöpfung ist. Wörtlich genommen ist die Begriffsbildung ein Widerspruch in sich. Es gibt keine degressive Proportionalität und keine progressive Proportionalität, wohl aber degressive Repräsentation, proportionale Repräsentation und progressive Repräsentation. Degressive Proportionalität im Sinne von degressiver Repräsentation zielt darauf ab, Bürger aus größeren Mitgliedstaaten schwächer zu repräsentieren als Bürger aus kleineren Mitgliedstaaten. Einen Weg, die abstrakte Idee konkret umzusetzen, bietet der Cambridge-Kompromiss von Geoffrey Grimmett u.a. (2011). Jedoch konnten die Parlamentarier sich nicht durchringen, den Weg schon für die Wahl 2014 zu beschreiten, weil ihnen die Abweichungen vom Status quo als zu groß erschienen.

Derzeit ist die Verteilung der 751 Sitze auf die achtundzwanzig Mitgliedstaaten Verhandlungssache. Tritt ein neuer Mitgliedstaat der Union bei, einigt man sich im Zuge der Beitrittsverhandlungen auf eine neue Sitzverteilung. Beim Beitritt Kroatiens wurden für die Europawahlen 2014 die Sitzkontingente ausgehandelt, die in Tab. 5.3 in der zweiten Spalte „Sitze 2014" abgedruckt sind. Im rechten Teil zeigt die Tabelle den Cambridge-Kompromiss in einer Variante mit Zusatzbedingungen, die sicherstellen, dass kein Mitgliedstaat im Vergleich zum Status quo mehr als zwei Sitze verliert. Diese „verlustbeschränkte Variante" ermöglicht ein formelmäßiges Vorgehen, ohne allzu abrupt in die gegebenen Besitzstände einzugreifen. Die Rechnungen beruhen auf den Bevölkerungs-

5.6 Zusammensetzung des Europäischen Parlaments

Tab. 5.3 *Verlustbeschränkte Variante des Cambridge-Kompromisses.* Jeder der achtundzwanzig Mitgliedstaaten erhält fünf Grundmandate. Die verbleibenden 751 − 140 = 611 Sitze werden mit der zusatzbedingten Variante „DivAuf•" der Divisormethode mit Aufrundung verteilt. Die Zusatzbedingungen „Min..Max" bewirken, dass kein Staat mehr als zwei Sitze von „Sitze 2014" verliert und kein Staat schlussendlich mehr als 96 Sitze erhält

EP2014		Sitze 2014	Bevölkerung 2013	5+Min..Max	5+Quotient	5+DivAuf•
DE	Deutschland	96	80 523 700	5+89..91	5+94.3•	96
FR	Frankreich	74	65 633 200	5+67..91	5+76.9	82
UK	Vereinigtes Königreich	73	63 730 100	5+66..91	5+74.6	80
IT	Italien	73	59 685 200	5+66..91	5+69.9	75
ES	Spanien	54	46 704 300	5+47..91	5+54.7	60
PL	Polen	51	38 533 300	5+44..91	5+45.1	51
RO	Rumänien	32	20 057 500	5+25..91	5+23.5•	30
NL	Niederlande	26	16 779 600	5+19..91	5+19.6	25
BE	Belgien	21	11 161 600	5+14..91	5+13.1	19
EL	Griechenland	21	11 062 500	5+14..91	5+12.95•	19
CZ	Tschechische Republik	21	10 516 100	5+14..91	5+12.3•	19
PT	Portugal	21	10 487 300	5+14..91	5+12.1•	19
HU	Ungarn	21	9 908 800	5+14..91	5+11.6•	19
SE	Schweden	20	9 555 900	5+13..91	5+11.2•	18
AT	Österreich	18	8 451 900	5+11..91	5+9.9•	16
BG	Bulgarien	17	7 284 600	5+10..91	5+8.5•	15
DK	Dänemark	13	5 602 600	5+6..91	5+6.6	12
FI	Finnland	13	5 426 700	5+6..91	5+6.4	12
SK	Slowakei	13	5 410 800	5+6..91	5+6.3	12
IE	Irland	11	4 591 100	5+4..91	5+5.4	11
HR	Kroatien	11	4 262 100	5+4..91	5+4.99	10
LT	Litauen	11	2 971 900	5+4..91	5+3.5	9
SI	Slowenien	8	2 058 800	5+1..91	5+2.4	8
LV	Lettland	8	2 023 800	5+1..91	5+2.4	8
EE	Estland	6	1 324 800	5+1..91	5+1.6	7
CY	Zypern	6	865 900	5+1..91	5+1.01	7
LU	Luxemburg	6	537 000	5+1..91	5+0.6	6
MT	Malta	6	421 400	5+1..91	5+0.5	6
Summe (Divisor)		751	505 572 500	—	(854 000)	751

größen, die dem Amtsblatt der Europäischen Union (L 333 vom 12.12.2013, S. 77–78) entstammen. Diese Zahlen liegen auch den qualifizierten Mehrheitsentscheidungen des Rates im Kalenderjahr 2014 zugrunde.

Das Verfahren, das als Cambridge-Kompromiss bezeichnet wird, ist an der Verfasstheit der Europäischen Union ausgerichtet. Das Parlament der Union besteht nicht wie sonst oft aus zwei Kammern, sondern nur aus einer. Die einzige Kammer ist das Europäische Parlament. Dem Vertrag von Lissabon lässt sich entnehmen, dass es primärrechtlich zwei Typen verfassungsrechtlicher Subjekte gibt, einerseits die Mitgliedstaaten und andererseits die Unionsbürgerinnen und Unionsbürger. Im diplomatischen Verkehr zwischen Staaten gilt der Grundsatz der Staatengleichheit. Als Erstes gibt der Cambridge-Kompromiss deshalb allen Mitgliedstaaten fünf Grundmandate. Damit wird dem Prinzip der Staatengleichheit Rechnung getragen. Bei achtundzwanzig Unionsmitgliedern sind 140 Sitze als Grundmandate gebunden.

Die verbleibenden 611 Sitze werden nach dem Prinzip der Bürgergleichheit vergeben, also proportional zu den Bevölkerungsgrößen, und zwar mit der Divisormethode mit Aufrundung „DivAuf". Unter den Divisormethoden ist sie am stärksten verzerrt zugunsten schwacher Teilnehmer und zulasten starker Teilnehmer (Abschn. 3.5). Die Verzerrung kann als Ausdruck degressiver Repräsentativität verstanden werden. Hinzu kommt eine Maximalbedingung von 91 Sitzen, um einschließlich der fünf Grundmandate die primärrechtliche Maximalbedingung von 96 Sitzen einzuhalten. Der Mindestbedingung von sechs Sitzen wird automatisch Genüge getan, weil fünf Grundmandate schon da sind und weil bei Aufrundung wegen Undurchlässigkeit immer mindestens ein weiterer Sitz hinzukommt.

Tabelle 5.3 stellt nicht den Cambridge-Kompromiss als solchen dar, sondern die verlustbeschränkte Variante, bei der die Verluste auf höchstens zwei Sitze beschränkt sind. Für jeden Mitgliedstaat wird eine Mindestbedingung „Min" mitgeführt,

$$\text{Min} = \text{Sitze 2014} - 5 \text{ Grundmandate} - 2 \text{ Verlustsitze}.$$

Das Endergebnis ist der Spalte „5+DivAuf•" zu entnehmen. Verglichen mit dem Status quo „Sitze 2014" verliert kein Mitgliedstaat mehr als zwei Sitze. Die Markierung • weist auf aktive Zusatzbedingungen hin. Bei Deutschland ist es die Maximalbedingung von 96 Sitzen, die bestimmend ist. Rumänien, Griechenland, die Tschechische Republik, Portugal, Ungarn, Schweden, Österreich und Bulgarien sind durch die Verlustschranke von zwei Sitzen geschützt und werden entsprechend angehoben.

Wahl des Deutschen Bundestages 6

Zusammenfassung

Die Wahl des Deutschen Bundestages erfolgt durch eine mit der Personenwahl verbundene Verhältniswahl. Die Ergebnisse der Personenwahl, die Direktmandate, gehen in Form von Mindestbedingungen in die Verhältnisrechnung ein und führen zu einer direktmandatsbedingten Verhältniswahl. Die Rechnungen beruhen auf der Divisormethode mit Standardrundung sowie auf ihrer direktmandatsbedingten Variante. Um die Direktmandatsbedingungen systemverträglich berücksichtigen zu können, wird die Bundestagsgröße entsprechend angepasst. Das System ist frei von Überhangmandaten und negativen Stimmgewichten, die im Vorgängersystem irritierten.

6.1 Direktmandatsbedingte Verhältniswahl

Mindestbedingungen sind nicht nur bei der Verteilung von Sitzen auf territoriale Distrikte wichtig, sondern auch bei der Sitzzuteilung an Parteien. Diesem Gesichtspunkt ist das vorliegende Kapitel gewidmet, wobei die Wahl des Deutschen Bundestages als prototypisches Modell dient. Bei der Sitzzuteilung an Parteien wirken Mindestbedingungen als ein Korrektiv gegen den Mangel an Personalisierung, der als größte Schwäche von Verhältniswahlsystemen gilt. Denn die Verhältnisrechnung ergibt zwar die Zahl der Sitze, die eine Partei erhält. Sie lässt aber offen, wer diese Sitze einnimmt. Üblicherweise legen die Parteien Listen mit ihren Bewerbern vor. Die Erstellung der Listen und die Art, wie die Wähler mit ihren Stimmen die Reihung auf einer Liste beeinflussen können, haben eine bedeutende Auswirkung auf die Repräsentationsbindung zwischen Wählern und Gewählten. In einer gelenkten Demokratie reserviert die Parteiführung die Auswahl der Bewerber für sich. Nur wer willfährig ist, kommt auf die Liste. Die Mandatsträger orientieren sich folglich zur Parteiführung hin, nicht zu ihren Wählern. In einer Demokratie, die sich ernst nimmt, entstehen die Bewerberlisten auf Parteikonferenzen unter breiter Mitwirkung der Parteibasis. Aber selbst demokratisch erstellte Bewerberlisten können Probleme aufwerfen. Zu lange Listen sind schwer zu überblicken. Es wird für die Wähler zu aufwendig, sich über alle Bewerber zu informieren und sie einzuschätzen. Deshalb untergliedern viele Verhältniswahlsysteme das Wahlgebiet in kleinere Wahldistrikte. Dort sind weniger Mandate zu besetzen, was die Bewerberlisten kürzer und überschaubarer macht.

Im Wahlsystem für den Reichstag der Weimarer Republik waren alle Listen starr vorgegeben. Die Bewerberlisten wurden von den Parteizentralen vor der Wahl aufgestellt und angemeldet. Die Wähler konnten mit ihren Stimmen die Listenreihungen in keiner Weise beeinflussen. Für je 60 000 Stimmen bekamen die Parteien einen Sitz. Dieses „automatische System" wurde wegen der machtvollen Einflussmöglichkeiten der Parteiapparate bei der Listenerstellung und der machtlosen Stellung der Wähler bei der Personenwahl vehement kritisiert. Zudem variierte die Reichstagsgröße je nach Wahlbeteiligung. Trotz einzelner Reforminitiativen schaffte es der Reichstag nicht, eine Fortentwicklung des Wahlsystems auf den Weg zu bringen.

Die Gelegenheit zu einer Systemverbesserung ergab sich nach dem Zweiten Weltkrieg bei der Gründung der Bundesrepublik Deutschland. Der föderale Staatsaufbau legte es nahe, für jedes Bundesland eigene Bewerberlisten vorzulegen. Im Vergleich zur Weimarer Republik sollte zudem der Personenwahl mehr Gewicht eingeräumt werden. Die Zielvorgabe des Bundeswahlgesetzes lautet daher, eine

„mit der Personenwahl verbundene Verhältniswahl"

einzurichten. Bei den ersten beiden Bundestagswahlen wurde die Personenwahlkomponente vermittels doppeltgewerteter Einzelstimme realisiert. Jeder Wähler hatte eine Stimme, die er für den Bewerber einer Partei abgab. Die Stimme wurde doppelt ausgewertet, einmal für die Partei und ein zweites Mal für den Bewerber. Die Stimmenzahlen der Parteien lieferten die Grundlage für die verhältnismäßige Zuteilung der Sitze an die Parteien. Die Entscheidung, wer diese Sitze einnimmt, richtete sich nach den Stimmenzahlen, die die Bewerber von den Wählerinnen und Wählern erhielten.

Seit der dritten Bundestagswahl 1957 ist die Doppelwertung einer Stimme ersetzt durch die Einfachwertung zweier Stimmen. Die „Erststimme" (engl. constituency vote) gilt der Personenwahl. Seit 2002 gibt es 299 Wahlkreise, in denen die Parteien Kandidaten aufstellen. Unabhängige Kandidaturen kommen praktisch nicht vor. In jedem Wahlkreis ist gewählt, wer die meisten Erststimmen erhält. Die so vergebenen 299 Wahlkreismandate werden auch „Direktmandate" (engl. direct seats) genannt. Die „Zweitstimme" (engl. list vote) dient der Parteienwahl, oder genauer: der Wahl einer starren Bewerberliste. Die Verhältnisrechnung für die Sitzzuteilung an die Parteien erfolgt ausschließlich auf Basis der Zweitstimmen. Die Zweitstimme ist die

„maßgebende Stimme für die Verteilung der Sitze insgesamt auf die einzelnen Parteien",

wie auf jedem Stimmzettel zur Klarstellung aufgedruckt ist.

Die qualitativ-normative Zielvorgabe, eine mit der Personenwahl *verbundene* Verhältniswahl zu schaffen, findet ihre quantitativ-operationale Verwirklichung als eine durch die Personenwahl *bedingte* Verhältniswahl im Sinne von Abschn. 5.2. Wir klassifizieren das System als

direktmandatsbedingte Verhältniswahl.

Direktmandatsbedingungen sind nichts anderes als eine konkrete Form von Mindestbedingungen. Die Verhältnisrechnung wird so weit eingeschränkt, dass jede Liste mindestens so viele Sitze bekommt, wie die Zahl ihrer Direktmandate vorgibt. Nur die überzähligen Sitze werden aus der zugehörigen Bewerberliste besetzt.

6.2 Nominalgröße des Bundestages

Die Grundsätze, nach denen der Deutsche Bundestag gewählt wird, nennt das Bundeswahlgesetz gleich zu Beginn in Paragraf 1:

„(1) Der Deutsche Bundestag besteht vorbehaltlich der sich aus diesem Gesetz ergebenden Abweichungen aus 598 Abgeordneten. Sie werden in allgemeiner, unmittelbarer, freier, gleicher und geheimer Wahl von den wahlberechtigten Deutschen nach den Grundsätzen einer mit der Personenwahl verbundenen Verhältniswahl gewählt.

(2) Von den Abgeordneten werden 299 nach Kreiswahlvorschlägen in den Wahlkreisen und die übrigen nach Landeswahlvorschlägen (Landeslisten) gewählt."

Das Gesetz umfasst 55 Paragrafen und einen Anhang. Es wird ergänzt durch die Bundeswahlordnung mit weiteren 93 Paragrafen und weiteren Anhängen sowie durch weitere wahlrechtliche Nebenvorschriften, siehe Schreiber/Hahlen/Strelen (2013). Wir erklären die rechnerische Wirkungsweise des so festgelegten Wahlsystems am Beispiel der Wahl zum 18. Deutschen Bundestag am 22. September 2013.

Die im Gesetz genannte Zahl von 598 Abgeordneten nennen wir die „Nominalgröße" des Bundestages. Sie ist zu unterscheiden von der Bundestagsgröße, die sich nach Ausführung aller Gesetzesbestimmungen am Ende einstellt. Beispielsweise amtiert der 18. Bundestag tatsächlich mit 631 Sitzen. Eine Erhöhung der Nominalgröße wird zukünftig fast immer eintreten, sie ist Folge einer Gesetzesänderung vom Frühjahr 2013. Die Änderung bezweckt, dass die Ergebnisse der Personenwahl systemverträglich mit den Ergebnissen der Verhältniswahl verbunden werden können. Zu diesem Zweck sieht das Gesetz eine Vorabkalkulation der Bundestagsgröße vor, wobei die Nominalgröße 598 angehoben werden kann. Wir schieben die Vorabkalkulation nach hinten (Abschn. 6.8), weil sie aus einem verwirrenden Regelungsgeflecht skurriler Gesetzesnormen besteht. Um zu zeigen, dass es auch besser geht, skizzieren wir in Abschn. 6.9 alternative Vorabkalkulationen, die sachgerecht, normenklar und verständlich sind und zudem die Nominalgröße meist einhalten und nicht aushebeln.

Welche höheren Weihen zieren die Nominalgröße von 598 Sitzen? Jahrzehntelang hatte der Bundestag eine Größe von 496 Sitzen. Im Zuge der Wiederherstellung der deutschen Einheit wurde 1990 die gesetzliche Mitgliederzahl von 496 auf 656 angehoben. Die Anhebung erlaubte es, die Abgeordneten aus den neuen Ländern aufzunehmen und gleichzeitig die Besitzstände der Abgeordneten aus den alten Ländern zu wahren. Allerdings wurde die Größe des Bundestages Thema öffentlicher Kritik. Auch von Mitgliedern des Bundestages selbst wurde eine Verringerung der Bundestagsgröße angeregt. Die Befürworter einer Parlamentsverkleinerung machten geltend, dass damit die Effizienz der parlamentarischen Arbeit gesteigert und die Arbeitsabläufe in der Verwaltung gestrafft würden. Schließlich fasste der Bundestag in der 13. Wahlperiode den Reformbeschluss, ab der 15. Wahlperiode die Bundestagsgröße auf unter 600 Abgeordnete abzusenken. Das Inkrafttreten von Wahlgesetzänderungen wird gerne auf die übernächste Wahlperiode verschoben, drohende Selbstbeschränkungen rücken dadurch etwas weiter in die Ferne. Die eingesetzte Reformkommission erhielt den Arbeitsauftrag, eine passende Parlamentsgröße von unter 600 Abgeordneten zu suchen. Das Ergebnis der Kommissionssuche war die Nominalgröße von 598 Sitzen. Sie gilt seit der 15. Bundestagswahl 2002.

6.3 Verteilung der Wahlkreise auf die Länder

Schon in der Mitte einer laufenden Legislaturperiode beginnen die Vorbereitungen zur nächsten Wahl. Als Erstes werden die 299 Wahlkreise auf die Länder verteilt, damit der nachfolgende Zuschnitt der Wahlkreise die Ländergrenzen respektieren kann. Der Grundsatz der Wahlgleichheit gebietet, dass die Zahl der Wahlkreise in den Ländern so weit wie möglich deren Bevölkerungsanteil entspricht. Seit 2008 wird die Verteilung mit der Divisormethode mit Standardrundung bestimmt, ausgehend von den amtlichen Zahlen für die deutsche Bevölkerung zum jeweiligen Jahresende. Der Bericht der Wahlkreiskommission für die 17. Legislaturperiode datiert vom 28. Januar 2011, die letzten Bevölkerungszahlen stammten vom 31. Dezember 2009. Tabelle 6.1 zeigt die Einzelheiten. Auf je 250 000 Einwohner entfällt rund ein Wahlkreis.

Den Gepflogenheiten des Bundeswahlleiters folgend reiht die Tabelle die Länder von Norden nach Süden, der nördlichste Punkt eines Landes ist ausschlaggebend. Auch die Zwei-Buchstaben-Länderkürzel sind vom Bundeswahlleiter übernommen. Sie erweisen sich als platzsparend, besonders in den Tab. 6.3 und 6.5.

Vor 2008 wurde für die Wahlkreisverteilung die Hare-Quotenmethode mit Ausgleich nach größten Resten verwendet. Diese Methode zeigt gelegentlich ein unlogisches Verhalten, indem sie einen Sitz von einem Land mit größerem Bevölkerungszuwachs transferiert an ein Land mit kleinerem Wachstum. Divisormethoden sind gegen diese Zuwachs-Paradoxie gefeit. Die Wahlkreiskommission für die 16. Legislaturperiode war nach aus-

Tab. 6.1 *Wahl zum 18. Bundestag 2013, Verteilung der 299 Wahlkreise auf die Länder.* Für die Verteilung der Wahlkreise auf die sechzehn Länder wird die Divisormethode mit Standardrundung benutzt. Grundlage sind die Zahlen der deutschen Bevölkerung zum 31. Dezember 2009

18BT2013-WK		Bevölkerung 2009	Quotient	DivStd
SH	Schleswig-Holstein	2 687 425	10.7	11
MV	Mecklenburg-Vorpommern	1 612 879	6.45	6
HH	Hamburg	1 534 853	6.1	6
NI	Niedersachsen	7 406 139	29.6	30
HB	Bremen	578 445	2.3	2
BB	Brandenburg	2 446 621	9.8	10
ST	Sachsen-Anhalt	2 314 050	9.3	9
BE	Berlin	2 969 466	11.9	12
NW	Nordrhein-Westfalen	16 003 993	64.0	64
SN	Sachsen	4 054 656	16.2	16
HE	Hessen	5 389 333	21.6	22
TH	Thüringen	2 202 259	8.8	9
RP	Rheinland-Pfalz	3 706 222	14.8	15
BY	Bayern	11 346 304	45.4	45
BW	Baden-Württemberg	9 480 946	37.9	38
SL	Saarland	937 752	3.8	4
Summe (Divisor)		74 671 343	(250 000)	299

führlichen Überprüfungen zu dem Schluss gekommen, dass die Divisormethode mit Standardrundung vorzugswürdig sei. Daraufhin wurde 2008 diese Methode in das Bundeswahlgesetz eingeführt, und zwar sowohl für die Verteilung der Wahlkreise auf die Länder als auch für die Zuteilung der Sitze an die Parteien und Landeslisten. Die Gesetzesänderung 2008 erwies sich als wegweisend, um für die Unterzuteilungen der Parteisitze an die Landeslisten die Divisormethode mit Standardrundung im Rahmen der Novellierung 2013 auf die direktmandatsbedingte Variante umzustellen. Mit einer Quotenmethode wäre die Umstellung nicht so einfach möglich gewesen (PR 157).

6.4 Wahlkreiszuschnitt

Als Zweites erarbeitet die Wahlkreiskommission Vorschläge für den Zuschnitt der Wahlkreise. Die sorgfältige und unparteiische Arbeit der Kommission bietet Gewähr dafür, dass die Vorschläge nicht von gleichheitsverzerrender Wahlkreisgeometrie (engl. gerrymandering) verformt sind. Der Bundestag übernimmt viele dieser Vorschläge, weicht aber auch allzu oft davon ab, ohne die Abweichungen zu begründen.

Zentrale Kenngröße eines Wahlkreises ist seine Bevölkerungszahl. Sie soll möglichst gleich dem Bundesdurchschnitt sein. Zwar wird dieser Orientierungswert vom Bundeswahlgesetz vorgegeben, aber die Vorgabe ist verfehlt. Zum Beispiel kann in Bremen nicht mehr Gleichheit erzielt werden, als dass ein Wahlkreis 289 222 Einwohner umfasst und der andere 289 223. Die Orientierung am Bundesdurchschnitt $74\,671\,343/299 = 249\,737$ lässt außer Acht, dass schon die Verteilung der Wahlkreise auf die Länder Unschärfen verursacht, die bleibend sind. Sachgerechter wäre es, als Orientierungswerte getrennt nach Ländern die Landesdurchschnitte vorzuschreiben.

Abweichungen vom Orientierungswert sind praktisch unvermeidbar, werden aber zweifach beschränkt. Das Gesetz diktiert eine Sollschranke von 15 Prozent und eine Mussschranke von 25 Prozent. Das bedeutet, dass für jeden Wahlkreis die Abweichung seiner Bevölkerungszahl vom Orientierungswert unter 15 Prozent bleiben soll und unter 25 Prozent bleiben muss. Die gesetzlichen Schranken sind bemerkenswert freizügig. Anderen Staaten wird mehr Strenge angeraten. Als Mitglied des Europarats vertritt Deutschland die Beschlüsse der Europäischen Kommission für Demokratie durch Recht, besser bekannt unter dem Namen Venedig-Kommission. Im *Verhaltenskodex für Wahlen*, auf den sich die Venedig-Kommission 2002 einigte und den der Europarat seither allen Staaten als Leitlinie empfiehlt, beträgt die Sollschranke 10 Prozent und die Mussschranke 15 Prozent. Selbst trinkt man Wein, anderen wird Wasser gepredigt.

6.5 Stimmgebung

Bei einer Bundestagswahl hat jeder Wähler zwei Stimmen. Auf dem Stimmzettel ist die linke, schwarz gedruckte Spalte überschrieben mit „Erststimme"; sie gilt der Wahl eines Wahlkreisabgeordneten. Die rechte, blau gedruckte Spalte ist überschrieben mit „Zweitstimme". Mit der Zweitstimme kennzeichnet der Wähler die Landesliste einer Partei. Mit „Landesliste einer Partei" bezeichnet man die Bewerberliste dieser Partei, die ihr Landesverband vor der Wahl erstellt und bekannt gemacht hat. Auf dem Stimmzettel sind zusammen mit dem Parteinamen zugleich die ersten fünf Bewerbernamen abgedruckt, die die Landesliste der Partei anführen. Über die weiteren Listenbewerber müssen sich die Wähler eigenständig informieren. Im Kopf der Zweitstimmenspalte steht in Kleindruck der Hinweis, dass die Zweitstimme die „maßgebende Stimme für die Verteilung der Sitze insgesamt auf die einzelnen Parteien" ist.

Nicht alle gültigen Zweitstimmen gehen in die Zuteilungsrechnung ein. Eine Zweitstimme ist „zuteilungsberechtigt", falls sie gültig ist und auf eine Partei entfällt, die mindestens fünf Prozent der gültigen Zweitstimmen erhält oder die mindestens drei Direktmandate erringt oder die eine nationale Minderheit vertritt. Zudem ist ihr die Zuteilungsberechtigung versagt, falls die zugehörige Erststimme einem erfolgreichen Wahlkreiskandidaten gilt, der parteilos ist oder für dessen Partei im betreffenden Land keine Landesliste zugelassen ist oder die Landesliste unberücksichtigt bleibt.

6.6 Parteiliche Zusammensetzung des Bundestages

Bei der Wahl zum 18. Bundestag am 22. September 2013 wurden bundesweit 36 867 417 zuteilungsberechtigte Zweitstimmen abgegeben. Sie entfielen auf die Parteien CDU, SPD, LINKE, BÜNDNIS 90/DIE GRÜNEN und CSU. Die Zuteilung der 631 Gesamtsitze an die fünf Parteien, genannt „Oberzuteilung" (engl. super-apportionment), wird mit der

Tab. 6.2 *Wahl zum 18. Bundestag 2013, Oberzuteilung der 631 Sitze an die Parteien.* Die Zuteilung der Sitze an die Parteien erfolgt mit der Divisormethode mit Standardrundung. Grundlage sind die zuteilungsberechtigten Zweitstimmen. Die Bundestagsgröße 631 ist vorab bestimmt worden

18BT2013-OZ	Zweitstimmen	Quotient	DivStd
CDU	14 921 877	255.4	255
SPD	11 252 215	192.6	193
LINKE	3 755 699	64.3	64
B90/GRÜNE	3 694 057	63.2	63
CSU	3 243 569	55.52	56
Summe (Divisor)	36 867 417	(58 420)	631

Divisormethode mit Standardrundung durchgeführt. Tabelle 6.2 zeigt das Ergebnis. Auf je 58 420 Zweitstimmen entfällt rund ein Sitz.

Somit ist die parteiliche Zusammensetzung des Bundestages – in der tatsächlichen Größe, mit der er amtiert – ein vorzügliches Abbild der politischen Stärkeverhältnisse, wie sie in den zuteilungsberechtigten Zweitstimmen zum Ausdruck kommen. Alle Stimmen werden bundesweit gleich behandelt, egal welchem Bundesland sie entstammen. Die Divisormethode mit Standardrundung, mit der die Stimmenzahlen umgerechnet werden in Sitzzahlen, ist ein Verfahren mit ausgezeichneten Eigenschaften, praktisch wie theoretisch. Praktisch folgt die Methode dem bodenständigen Motto „Teile und runde" so, wie es sich im kaufmännischen Leben seit Jahrhunderten bewährt hat. Die Theorie lehrt, dass die Methode unverzerrt ist (Abschn. 3.5) und auch mit anderen Gesichtspunkten der Wahlgleichheit hervorragend harmoniert (Abschn. 8.2.2, 8.2.5 und 8.2.7).

6.7 Personelle Zusammensetzung des Bundestages

Bleibt zu klären, welche Personen die Sitze einnehmen, die die Parteien in der Oberzuteilung erhalten. Für die 56 CSU-Sitze ist die Antwort offensichtlich. Die CSU tritt nur in Bayern an und hat dort 45 Direktmandate gewonnen. Die restlichen 11 Sitze werden aus der CSU-Landesliste in der dortigen Reihenfolge besetzt; Bewerber, die in einem Wahlkreis gewählt sind, werden dabei übersprungen. Der Fall, dass es mehr Direktmandate gäbe als CSU-Sitze in der Oberzuteilung, kann nicht eintreten. Die Vorabkalkulation der Bundestagsgröße ist dazu da, solche Kalamitäten zu vermeiden.

Die anderen Parteien treten in mehreren Bundesländern an, die CDU in den fünfzehn Ländern ohne Bayern und die SPD, LINKE und BÜNDNIS 90/DIE GRÜNEN in allen sechzehn. Für jede Partei wird eine eigenständige „Unterzuteilung" (engl. sub-apportionment) fällig, um ihre Sitze aus der Oberzuteilung an die Landeslisten weiterzureichen. An dieser Stelle kommen die Direktmandate der Partei ins Spiel, die sie in den Ländern errungen hat. Für jedes Land wird die Zahl der dortigen Direktmandate als Mindestbedingung mitgeführt. Dies ist die „direktmandatsbedingte Variante" der Divisormethode mit Standardrundung, wiederum bezeichnet mit DivStd●.

Tab. 6.3 *Wahl zum 18. Bundestag 2013, Unterzuteilungen der Parteisitze an die Landeslisten.* Die Zuteilung der Parteisitze an die Landeslisten erfolgt mit der direktmandatsbedingten Variante „DivStd•" der Divisormethode mit Standardrundung. Jede Landesliste bekommt mindestens so viele Sitze, wie ihre Direktmandatsgewinne „Dir" ausmachen. Direktmandatsbedingungen kommen nur bei der CDU und nur in BB, ST und TH zum Tragen (•), bei den anderen Parteien sind sie inaktiv

18BT2013-4UZ	Dir	Zweitstimmen	Quotient	DivStd•	Dir	Zweitstimmen	Quotient	DivStd•
		CDU-Unterzuteilung				*SPD-Unterzuteilung*		
SH	9	638 756	10.7	11	2	513 725	8.8	9
MV	6	369 048	6.2	6	0	154 431	2.6	3
HH	1	285 927	4.8	5	0	288 902	4.9	5
NI	17	1 825 592	30.6	31	13	1 470 005	25.1	25
HB	0	96 459	1.6	2	2	117 204	2.0	2
BB	9	482 601	8.1•	9	1	321 174	5.49	5
ST	9	485 781	8.1•	9	0	214 731	3.7	4
BE	5	508 643	8.52	9	2	439 387	7.51	8
NW	37	3 776 563	63.3	63	27	3 028 282	51.8	52
SN	16	994 601	16.7	17	0	340 819	5.8	6
HE	17	1 232 994	20.7	21	5	906 906	15.503	16
TH	9	477 283	8.0•	9	0	198 714	3.4	3
RP	14	958 655	16.1	16	1	608 910	10.4	10
BY	—	—	—	—	0	1 314 009	22.46	22
BW	38	2 576 606	43.2	43	0	1 160 424	19.8	20
SL	4	212 368	3.6	4	0	174 592	3.0	3
Summe (Divisor)	191	14 921 877	(59 700)	255	58	11 252 215	(58 500)	193
	Dir	Zweitstimmen	Quotient	DivStd•	Dir	Zweitstimmen	Quotient	DivStd•
		LINKE-Unterzuteilung				*B90/GRÜNE-Unterzuteilung*		
SH	0	84 177	1.4	1	0	153 137	2.53	3
MV	0	186 871	3.1	3	0	37 716	0.6	1
HH	0	78 296	1.3	1	0	112 826	1.9	2
NI	0	223 935	3.7	4	0	391 901	6.47	6
HB	0	33 284	0.6	1	0	40 014	0.7	1
BB	0	311 312	5.2	5	0	65 182	1.1	1
ST	0	282 319	4.7	5	0	46 858	0.8	1
BE	4	330 507	5.51	6	1	220 737	3.6	4
NW	0	582 925	9.7	10	0	760 642	12.6	13
SN	0	467 045	7.8	8	0	113 916	1.9	2
HE	0	188 654	3.1	3	0	313 135	5.2	5
TH	0	288 615	4.8	5	0	60 511	1.0	1
RP	0	120 338	2.0	2	0	169 372	2.8	3
BY	0	248 920	4.1	4	0	552 818	9.1	9
BW	0	272 456	4.54	5	0	623 294	10.3	10
SL	0	56 045	0.9	1	0	31 998	0.53	1
Summe (Divisor)	4	3 755 699	(60 000)	64	1	3 694 057	(60 600)	63

Die vier Unterzuteilungen sind in Tab. 6.3 zusammengestellt. Bei SPD, LINKE und BÜNDNIS 90/DIE GRÜNEN bleiben die Direktmandatsbedingungen inaktiv, mit und ohne Mindestbedingungen kommen dieselben Sitzzuteilungen heraus. Für diese drei Parteien sind alle Unproportionalitätsindizes null. Nicht so bei der CDU. Die CDU-Unterzuteilung wird durch die Mindestbedingungen beeinflusst. Für je 59 700 Zweitstimmen erhalten die CDU-Landesverbände rund einen der 255 Sitze, außer in Brandenburg, Sachsen-Anhalt und Thüringen, wo die Direktmandatsgewinne mehr Sitze erfordern. Ohne Mindestbedingungen würde sich ein anderes Ergebnis einstellen. Die Landesverbände Brandenburg, Sachsen-Anhalt und Thüringen bekämen je einen Sitz

6.8 Vorabkalkulation der Bundestagsgröße

weniger, Nordrhein-Westfalen zwei Sitze mehr und Baden-Württemberg einen Sitz mehr. Der Unproportionalitätsindex für die CDU-Unterzuteilung beträgt drei Sitze.

6.8 Vorabkalkulation der Bundestagsgröße

Die direktmandatsbedingte Variante in den Unterzuteilungen funktioniert nur unter der Voraussetzung, dass die Direktmandatsbedingungen systemverträglich sind (Abschn. 5.2). Deshalb steht am Anfang der Sitzzuteilung eine Vorabkalkulation der Bundestagsgröße, um die Systemverträglichkeit der Direktmandatsbedingungen zu gewährleisten. Die Vorabkalkulation wird jetzt nachgetragen, wir gliedern sie in drei Schritte.

Schritt 1: Verteilung der Nominalsitze auf die Länder

Die 598 Nominalsitze werden mit der Divisormethode mit Standardrundung auf die Länder verteilt.

Grundlage sind die Zahlen für die deutsche Bevölkerung zum Jahresende, die das Statistische Bundesamt zeitnah im Folgejahr veröffentlicht. Für die Wahl 2013 standen die Zahlen vom 31. Dezember 2012 zur Verfügung. Die resultierenden Sitzkontingente für die Länder sind Tab. 6.4 zu entnehmen.

Für einen erfolgreichen Wahlkreiskandidaten, der parteilos ist oder für dessen Partei keine Landesliste zugelassen ist oder die Landesliste unberücksichtigt bleibt, wird sein Sitz vom Kontingent des Landes abgezogen. Beispielsweise gewannen bei der Wahl 2002

Tab. 6.4 *Wahl zum 18. Bundestag 2013, Schritt 1 der Vorabkalkulation der Bundestagsgröße.* Die 598 Nominalsitze werden mit der Divisormethode mit Standardrundung auf die Länder verteilt. Grundlage sind die Zahlen der deutschen Bevölkerung zum 31. Dezember 2012

18BT2013-V1	Bevölkerung 2012	Quotient	DivStd
SH	2 686 085	21.7	22
MV	1 585 032	12.8	13
HH	1 559 655	12.6	13
NI	7 354 892	59.3	59
HB	575 805	4.6	5
BB	2 418 267	19.49	19
ST	2 247 673	18.1	18
BE	3 025 288	24.4	24
NW	15 895 182	128.1	128
SN	4 005 278	32.3	32
HE	5 388 350	43.4	43
TH	2 154 202	17.4	17
RP	3 672 888	29.6	30
BY	11 353 264	91.52	92
BW	9 482 902	76.4	76
SL	919 402	7.4	7
Summe (Divisor)	74 324 165	(124 050)	598

zwei PDS-Kandidatinnen ihre Wahlkreise in Berlin. Da die PDS an der Fünf-Prozent-Hürde scheiterte, blieben die PDS-Landeslisten unberücksichtigt. In diesem Fall hätte Tab. 6.4 das Berlin-Kontingent auf $24 - 2 = 22$ Sitze herabgesetzt.

Schritt 2: Berechnung von Sitzvormerkungen

In jedem der sechzehn Bundesländer wird das Sitzkontingent aus Schritt 1 den dortigen Parteien zugeteilt, wofür die Divisormethode mit Standardrundung auf die dortigen Zweitstimmenzahlen angewendet wird. Die so ermittelte Sitzzahl oder, falls größer, die Zahl der Direktmandate ist die Zahl der „Fiktivsitze der Partei in diesem Land". Für jede Partei werden ihre Fiktivsitze in den sechzehn Ländern summiert. Die Summe ist die „Sitzvormerkung der Partei" für Schritt 3.

Tabelle 6.5 zeigt die sechzehn Zuteilungsrechnungen auf einen Blick. Das Format täuscht: Diese Tabelle muss anders gelesen werden als bisher, nämlich zeilenweise! So wird in Schleswig-Holstein bei der Zuteilung der 22 Landessitze (aus Schritt 1) der Divisor 61 000 benutzt (Spalte „Divisor"). Für die CDU erhalten wir den Quotienten 10.47 (Spalte „Quotient"). Die daraus resultierenden zehn Sitze sind mehr als die neun CDU-Direktmandate (Spalte „Dir"). Dies ergibt für die CDU in Schleswig-Holstein zehn Fiktivsitze (Spalte „Fiktiv"). Die einzigen Fälle, in denen die Fiktivsitze von den Direktmandaten bestimmt werden, treten in Brandenburg, Sachsen-Anhalt, Thüringen und Saarland auf und sind zur besseren Sichtbarkeit mit einem Punkt (•) markiert. Für die CDU summieren sich die Fiktivsitze zu einer Sitzvormerkung von 242 Sitzen auf, für die SPD 183, für die LINKE 60 und für BÜNDNIS 90/DIE GRÜNEN 61.

Es bleibt, die CSU-Sitzvormerkung nachzutragen. Der CSU-Quotient, $3\,243\,569/58\,300 = 55.6$, rechtfertigt 56 Sitze. Sie bestimmen die CSU-Vormerkung, da die Zahl der CSU-Direktmandate (45) darunter liegt.

Schritt 3: Bestimmung der tatsächlichen Bundestagsgröße

Ausgehend von der Nominalgröße von 598 Sitzen wird die Hausgröße so lange erhöht, bis die Divisormethode mit Standardrundung jeder Partei so viele Sitze oder mehr zuteilt, wie ihre aus Schritt 2 übertragene Sitzvormerkung ausmacht.

Schritt 3 ist in Tab. 6.6 dargestellt. Die Nominalgröße von 598 Sitzen ist zu gering, um die Sitzvormerkungen „Vormerk." von SPD, BÜNDNIS 90/DIE GRÜNEN und CSU zu erreichen (•). Bei 630 Sitzen ist nur die CSU-Sitzvormerkung noch unerreicht (•). Ab Hausgröße 631 sind alle Sitzvormerkungen befriedigt. Also beträgt die tatsächliche Bundestagsgröße 631 Sitze.

Hat die arbeitsame und undurchsichtige Drei-Schritt-Vorabkalkulation etwas Gutes an sich? Aus parlamentarischer Sicht: ja. Denn sie ebnete einer breiten Mehrheit im Bundestag den Weg, der Neufassung des Bundeswahlgesetzes zuzustimmen. Das Bundesverfassungsgericht hatte 2008 dem Bundestag auferlegt, das Bundeswahlgesetz zu

6.8 Vorabkalkulation der Bundestagsgröße

Tab. 6.5 *Wahl zum 18. Bundestag 2013, Schritt 2 der Vorabkalkulation der Bundestagsgröße*. Die Tabelle ist zeilenweise zu lesen: Pro Land werden die Sitzkontingente aus Schritt 1 den Parteien zugeteilt. Der „Divisor" hinter dem Länderkürzel gilt für die Divisormethode mit Standardrundung. Das Maximum des gerundeten Quotienten und „Dir" ergibt die Sitzvormerkung „Fiktiv"

18BT2013-V2 Land	Divisor	Zweitstimmen	Quotient	Dir	Fiktiv	Zweitstimmen	Quotient	Dir	Fiktiv
Länderweise Sitzermittlung: CDU						*SPD*			
SH	61 000	638 756	10.47	9	10	513 725	8.4	2	8
MV	60 000	369 048	6.2	6	6	154 431	2.6	0	3
HH	60 000	285 927	4.8	1	5	288 902	4.8	5	5
NI	66 000	1 825 592	27.7	17	28	1 470 005	22.3	13	22
HB	65 000	96 459	1.48	0	1	117 204	1.8	2	2
BB	60 000	482 601	8.0•	9	9	321 174	5.4	1	5
ST	60 000	485 781	8.1•	9	9	214 731	3.6	0	4
BE	62 000	508 643	8.2	5	8	439 387	7.1	2	7
NW	63 600	3 776 563	59.4	37	59	3 028 282	47.6	27	48
SN	61 000	994 601	16.3	16	16	340 819	5.6	0	6
HE	61 000	1 232 994	20.2	17	20	906 906	14.9	5	15
TH	60 000	477 283	8.0•	9	9	198 714	3.3	0	3
RP	63 000	958 655	15.2	14	15	608 910	9.7	1	10
BY	58 300	—	—	—	—	1 314 009	22.54	0	23
BW	60 600	2 576 606	42.52	38	43	1 160 424	19.1	0	19
SL	67 000	212 368	3.2•	4	4	174 592	2.6	0	3
Sitzvormerkung (= Summe der Fiktivsitze)					242				183
Land	Divisor	Zweitstimmen	Quotient	Dir	Fiktiv	Zweitstimmen	Quotient	Dir	Fiktiv
Länderweise Sitzermittlung: LINKE						*B90/GRÜNE*			
SH	61 000	84 177	1.4	0	1	153 137	2.51	0	3
MV	60 000	186 871	3.1	0	3	37 716	0.6	0	1
HH	60 000	78 296	1.3	0	1	112 826	1.9	0	2
NI	66 000	223 935	3.4	0	3	391 901	5.9	0	6
HB	65 000	33 284	0.51	0	1	40 014	0.6	0	1
BB	60 000	311 312	5.2	0	5	65 182	1.1	0	1
ST	60 000	282 319	4.7	0	5	46 858	0.8	0	1
BE	62 000	330 507	5.3	4	5	220 737	3.6	1	4
NW	63 600	582 925	9.2	0	9	760 642	12.0	0	12
SN	61 000	467 045	7.7	0	8	113 916	1.9	0	2
HE	61 000	188 654	3.1	0	3	313 135	5.1	0	5
TH	60 000	288 615	4.8	0	5	60 511	1.0	0	1
RP	63 000	120 338	1.9	0	2	169 372	2.7	0	3
BY	58 300	248 920	4.3	0	4	552 818	9.48	0	9
BW	60 600	272 456	4.496	0	4	623 294	10.3	0	10
SL	67 000	56 045	0.8	0	1	31 998	0.48	0	0
Sitzvormerkung (= Summe der Fiktivsitze)					60				61

novellieren. Die Gesetzesnovelle befand das Bundesverfassungsgericht 2012 wiederum für verfassungswidrig und sogar für nichtig. Elemente des Novellierungsversuchs finden sich in der Vorabkalkulation wieder. Diese partielle Kontinuität dürfte den Autoren der gescheiterten Novelle die Zustimmung zur jetzigen Fassung gesichtswahrend erleichtert haben. Die Notwendigkeit zur Novellierung ergab sich unter anderem wegen des Anfalls von Überhangmandaten (Abschn. 6.10). Die Anhänger von Überhangmandaten

Tab. 6.6 *Wahl zum 18. Bundestag 2013, Schritt 3 der Vorabkalkulation der Bundestagsgröße.* Die Hausgröße wird über die Nominalgröße von 598 Sitzen hinaus erhöht, bis die Sitzzahl jeder Partei ihre Sitzvormerkung „Vormerk." erreicht oder übertrifft. Somit bekommt der Bundestag 631 Sitze

18BT2013-V3	Vormerk.	Zweitstimmen	Quotient	DivStd	Quotient	DivStd	Quotient	DivStd
CDU	242	14 921 877	241.8	242	255.3	255	255.4	255
SPD	183	11 252 215	182.4	182•	192.51	193	192.6	193
LINKE	60	3 755 699	60.9	61	64.3	64	64.3	64
B90/GRÜNE	61	3 694 057	59.9	60•	63.2	63	63.2	63
CSU	56	3 243 569	52.6	53•	55.49	55•	55.52	56
Summe (Divisor)	602	36 867 417	(61 700)	598	(58 450)	630	(58 420)	631

verfochten vielfach die bequeme These, Überhangmandate seien eine notwendige Folge der personalisierten Verhältniswahl. Demgegenüber hätte eine normenklare und verständliche Vorabkalkulation allzu deutlich werden lassen, dass die These falsch ist, und die Frage provoziert, warum der Gesetzgeber Jahrzehnte bis zu einer Reparatur des Bundeswahlgesetzes gewartet hat.

Ohne Rücksicht auf parlamentarische Befindlichkeiten fällt die Beurteilung kritischer aus. Die Drei-Schritt-Vorabkalkulation ist allzu großzügig. In Tab. 6.6 ist die CSU ausschlaggebend für die Bundestagsgröße, obwohl die CSU-Direktmandate gar keine Probleme machen. Wendet man das jetzige Verfahren auf frühere Wahlen an, dann wäre die Bundestagsgröße *immer* erhöht worden, selbst dann, wenn die Direktmandatsbedingungen von Anfang an systemverträglich waren. Es seien daher alternative Vorabkalkulationen skizziert, die sachgerechter ausfallen.

6.9 Alternative Vorabkalkulationen

Woran hapert es bei der Drei-Schritt-Vorabkalkulation? Die Antwort findet sich in den sechzehn unterschiedlichen Divisoren der sechzehn Zuteilungsrechnungen in Tab. 6.5. Dass Bayern mit 58 300 den kleinsten Divisor aufweist, liegt nicht an zahlenmäßigen Unverträglichkeiten, sondern an der Wahlbeteiligung in Bayern und den Stimmen, die mangels Zuteilungsberechtigung wegfallen.

Solche Effekte würden aus der Vorabkalkulation entfernt, wenn für die sechzehn Länderzuteilungen derselbe Divisor benutzt würde. Naheliegend wäre das Zweitstimmen-zu-Nominalsitze-Verhältnis, bei der Wahl 2013 also 36 867 417/598 = 61 651.2. Schritt 1 wird dann überflüssig. Zudem empfiehlt es sich, die resultierenden Quotienten zu ihrer Ganzzahl abzurunden, um die Schätzwerte nicht in die Höhe zu treiben. Die Fiktivsitze wären also das Maximum der abgerundeten Quotienten und der Direktmandatsgewinne. Die Bestimmung der Bundestagsgröße verläuft analog zu Tab. 6.6.

Diese Zwei-Schritt-Vorabkalkulation hätte 2013 für CDU, SPD, LINKE, BÜNDNIS 90/DIE GRÜNEN und CSU die Vormerkungen 241, 176, 54, 51 und 52 ergeben. Da diese schon von der Nominalgröße 598 befriedigt werden, wäre der Bundestag nicht vergrößert worden. Der Preis dafür ist ein Anwachsen des Unproportionalitätsindizes in der CDU-Unterzuteilung von drei auf vier Sitze. Bei den vorausgehenden fünfzehn Bundestagswahlen wäre die Nominalgröße zehnmal eingehalten worden. In den anderen fünf Wahlen wäre jeweils die Partei mit den meisten Überhangmandaten ausschlaggebend für die tatsächliche Bundestagsgröße gewesen. Diese Verbesserung geht zurück auf Joachim Behnke (2012) und Pukelsheim/Rossi (2013).

Schlanker und sachgerechter ist „direktmandatsorientierte Proporzanpassung" von Peifer/Lübbert/Oelbermann/Pukelsheim (2012), die mit einer Ein-Schritt-Vorabkalkulation auskommt. Für eine Partei, die in zwei oder mehr Ländern antritt, werden als Sitzvormerkung auf die bundesweite Zahl ihrer Direktmandate zehn Prozent aufgeschlagen. Eine Partei, die in nur einem Land antritt, bleibt ohne Aufschlag. Sowohl der derzeitige Schritt 1 wie auch der mühselige Schritt 2 werden umgangen.

Für Schritt 3 hätten 2013 die Direktmandate aus Tab. 6.3 ergeben:

$$\text{Sitzvormerkung CDU:} \quad 191 + \langle 19.1 \rangle = 210,$$
$$\text{Sitzvormerkung SPD:} \quad 58 + \langle 5.8 \rangle = 64,$$
$$\text{Sitzvormerkung LINKE:} \quad 4 + \langle 0.4 \rangle = 4,$$
$$\text{Sitzvormerkung B90/GRÜNE:} \quad 1 + \langle 0.1 \rangle = 1,$$
$$\text{Sitzvormerkung CSU:} \quad 45 + 0 = 45.$$

Für diese Vormerkungen hätte die Nominalgröße von 598 Sitzen ausgereicht. Außer 2009 wäre bei allen anderen Bundestagswahlen die Nominalgröße eingehalten worden. Immer wären die Unproportionalitäten in den Länderzuteilungen nicht ausgeprägter gewesen, als sie früher beim Anfall von Überhangmandaten hingenommen wurden.

Die Wahl 2009 war ein Sonderfall. Die CDU gewann 173 Direktmandate und hätte bei Nominalgröße 598 dieselbe Zahl von Sitzen zugeteilt bekommen, 173. In Brandenburg hätte die CDU sich mit einem Direktmandat begnügen müssen, obwohl sie bei mehr als 300 000 Zweitstimmen normalerweise vier oder fünf Sitze erwarten dürfte. Hier zeigt der Zehn-Prozent-Aufschlag seine Wirkung, weil er *immer* einige Sitze für den Verhältnisausgleich zur Verfügung stellt. Damit bekäme die CDU siebzehn Sitze mehr, also 190, wovon fünf an die brandenburgische CDU-Landesliste gehen würden.

6.10 Überhangmandate und negative Stimmgewichte

Die Direktmandatsbedingungen und die direktmandatsbedingte Variante der Divisormethode mit Standardrundung wurden erst 2013 in das Bundeswahlgesetz neu aufgenommen. Bis dahin konnte es passieren, dass eine Partei mehr Direktmandate gewann, als ihre verhältnismäßige Sitzzahl ausmachte. Dadurch kam es zu Mehrsitzen, die eine Vergrößerung des Bundestages nach sich zogen. Solche Mehrsitze, genannt „Überhangmandate" (engl. overhang seats), waren von Anfang an heftig umstritten. Sie traten schon bei der dritten Bundestagswahl 1957 auf. Nur starke Parteien mit Aussicht auf viele Direktmandate konnten in den Genuss von Überhangmandaten kommen. Schwächere

Parteien sahen darin Bonussitze, die eine ungerechtfertigte Verzerrung der Verhältniswahl verursachten. Überhangmandate wurden mit der entwaffnenden Schutzbehauptung verteidigt, sie wären eine „notwendige Folge" der personalisierten Verhältniswahl des Bundeswahlgesetzes. Die Behauptung ist zwar offensichtlich falsch, tat aber über lange Zeit ihre Dienste.

Letztendlich haben die Komplikationen ihre Ursache darin, dass im Wahlsystem viele Variable zusammenwirken, seitens der Wählerschaft Erststimmen und Zweitstimmen und seitens des Staatsaufbaus die föderale Untergliederung in sechzehn Bundesländer. Viele Variable können die politische Wirklichkeit besser abbilden als wenige, viele Variable sind aber auch schwieriger zu handhaben als wenige. Anhand der vorstehenden Zahlen lassen sich die Systemschwächen beleuchten, die mit der 2013 beschlossenen Novellierung des Bundeswahlgesetzes beseitigt wurden.

Früher wären die 255 CDU-Sitze (Tab. 6.2) ohne Direktmandatsbedingungen an die Landeslisten verteilt worden. In der CDU-Unterzuteilung (analog Tab. 6.3, aber ohne Mindestbedingungen) wären auf die Landeslisten in Brandenburg, Sachsen und Thüringen je acht Sitze entfallen. Wegen der dortigen neun Direktmandate wäre in jedem dieser drei Länder je ein Überhangmandat entstanden. Bei insgesamt drei Überhangmandaten hätte die CDU am Ende 258 Bundestagssitze gehabt, nicht 255.

Aus parteiinterner Sicht stören Überhangmandate den Proporz zwischen den Landeslisten. Werden 258 CDU-Sitze proportional den CDU-Landeslisten zugeteilt, gehen die letzten drei Sitze nach Rheinland-Pfalz, Niedersachsen und Baden-Württemberg. Tatsächlich werden sie als Überhangmandate anderswo vereinnahmt. Der Unproportionalitätsindex, der mit den Überhangmandaten einhergeht, beträgt also drei Sitze. Das ist dasselbe Ausmaß an Proporzstörung, wie sich aus Tab. 6.3 für die direktmandatsbedingten Variante errechnet (Abschn. 6.7). Parteiintern ist die eine Lösung so gut oder schlecht wie die andere.

Aus parteiübergreifender Sicht sieht die Lage ganz anders aus. Überhangmandate stören den bundesweiten Parteienproporz, diese Störung hat politisches Gewicht. Eine starke Partei mag auf ein Quäntchen Glück hoffen, dass ihr bei der nächsten Wahl mehr Überhangmandate zufallen als der Konkurrenz und sie profitiert. Schwache Parteien, die keine oder wenige Direktmandate gewinnen, haben keinerlei Chance, dass ihnen Überhangmandate Glück bringen. Hier kommt das Verfassungsrecht ins Spiel. Denn der Grundsatz der Wahlgleichheit gewährleistet den Parteien Chancengleichheit. Das Bundesverfassungsgericht wurde immer wieder mit diesem Thema befasst. Zwar stellte es fest, dass Überhangmandate die Chancengleichheit der Parteien in der Tat beeinträchtigen. Aber das Gericht befand lange Zeit, dass das Ausmaß der Beeinträchtigung mit dem Zusammenwirken der Wahlgrundsätze noch vereinbar sei.

Die Beurteilung des Problems ändert sich entscheidend, wenn es aus Wählersicht analysiert wird statt aus Parteiensicht. Der Verfassungsrechtler Hans Meyer (1994) wies darauf hin, dass Wählerinnen und Wähler angesichts möglicher Überhangmandate dem ausgesetzt sind, was seither mit dem Begriff „negatives Stimmgewicht" umschrieben wird. Das heißt, es gibt Situationen, in denen die Wähler der Partei ihrer Wahl dadurch nutzen, dass sie ihr die Zweitstimme *nicht* geben! Die Stimmabgabe *für* eine Partei wirkt sich im Wahlsystem *gegen* die Partei aus. Die Wähler sind veranlasst zu spekulieren, ob die Nichtabgabe der Zweitstimme mehr bewirkt als die Abgabe.

Hätten bei der Wahl 2013 zehntausend CDU-Anhänger im Saarland ihre Zweitstimme zurückgehalten, so wären auf die CDU dort nur $212\,368 - 10\,000 = 202\,368$ Zweitstimmen entfallen (Tab. 6.5). Die Oberzuteilung bliebe dabei gleich, die CDU bekäme nach wie vor 255 Sitze. Davon gingen aber nur noch drei in das Saarland, was dort ein Überhangmandat ins Leben rufen würde, insgesamt das vierte. Auf diese Art stände die CDU am Ende nicht mit 258 Sitzen da, sondern mit 259. Weniger Zweitstimmen, mehr Bundestagssitze! Was hier spielerisch klingt, wurde ernst im Zuge der Bundestagswahl 2005, als bei einer Nachwahl gerade eine solche Situation eintrat. Daraufhin stellte das Bundesverfassungsgericht 2008 die Verfassungswidrigkeit des Bundeswahlgesetzes fest, soweit das Gesetz negative Stimmgewichte zulässt. Hans Meyer (2010) zeichnet die Wege nach, die zu der Entscheidung führten. Dem Bundestag wurde aufgetragen, diesen Defekt aus dem Gesetz zu entfernen.

Der erste Reparaturversuch wurde 2012 von der Regierungsmehrheit, die vierundzwanzig Überhangmandate ihr Eigen nannte, gegen den Widerspruch der Oppositionsminderheit durchgesetzt. Ziel war es, Überhangmandate zu erhalten und negative Stimmgewichte zu entfernen. Dazu sollten die sechzehn Bundesländer jeweils separat gerechnet werden. Dass am Ende negative Stimmgewichte trotzdem möglich blieben, lag an den handwerklichen Mängeln, mit denen die Idee ausgeschmückt wurde. Einerseits wurden die Sitzkontingente der Länder auf der Grundlage der abgegebenen Stimmen bestimmt, wodurch in das Wahlsystem schwer zu kontrollierende Abhängigkeiten eingeführt wurden. Andererseits wurden in einer Schlussrechnung Zusatzsitze geschaffen, um die in den Ländern kumulierten Abrundungseffekte auszugleichen. Die ebenso unvermeidlichen Aufrundungseffekte sollten ohne Eingriff fortbestehen. Aber kein Gesetzgeber kann bei Zuteilungsproblemen gleichzeitig Rundungspech korrigieren und Rundungsglück konservieren, ohne sich ins Abseits zu manövrieren.

Die zweite Reparatur ist die, die wir in diesem Kapitel dargestellt haben. Sie wurde 2013 von einer überwältigenden Bundestagsmehrheit beschlossen. Die problemlösende Neuerung ist die Berücksichtigung der Direktmandatsgewinne in Form von Mindestbedingungen und die gegebenenfalls damit einhergehende Flexibilisierung der Bundestagsgröße. Es muss aber daran erinnert werden, dass die Neuerung nur dann neu ist, wenn der Blick nicht weiter reicht als bis zur Staatsgrenze. Die direktmandatsbedingte Variante findet sich schon bei den Wahlverfahren für die Londoner Versammlung (PR 159) und für das Schottische Parlament (PR 161). Beide Male diente das Zweistimmensystem des Bundeswahlgesetzes als Vorlage, nur dass offensichtliche Schwachstellen wie Überhangmandate von vornherein umgangen wurden.

Die Frage, wie das Wahlsystem einer territorialen Untergliederung des Wahlgebiets in Wahldistrikte Rechnung tragen kann, hat noch eine andere Antwort. Sie steht unter der Überschrift „Doppelproporz" und ist das Thema des letzten Kapitels.

Doppelproporz 7

> **Zusammenfassung**
>
> Doppeltproportionale Zuteilungsmethoden eignen sich für Wahlsysteme, die das Wahlgebiet in zwei oder mehr Distrikte untergliedern und dabei die Sitzkontingente der Distrikte fest vorgeben. Der Doppelproporz verteilt die Gesamtsitze zweifach proportional, nämlich an die Wahldistrikte im Verhältnis der Bevölkerungsgrößen und an die politischen Parteien im Verhältnis der auf sie entfallenden Stimmenzahlen. Die Sitzkontingente der Wahldistrikte werden meist vor der Wahl bestimmt, die Sitzkontingente der Parteien nach der Wahl auf der Grundlage der wahlgebietsweiten Stimmenerfolgen. Abschließend werden die Sitzzahlen pro Distrikt und Partei so berechnet, dass sowohl die Sitzkontingente der Distrikte gewahrt bleiben als auch die Sitzkontingente der Parteien. Dieser letzte Schritt beruht auf zwei Typen von Wahlschlüsseln, Distriktdivisoren und Parteidivisoren. Nach Bekanntgabe dieser Wahlschlüssel lässt sich das Zuteilungsergebnis sehr einfach überprüfen.

7.1 Vom Einfachproporz zum Doppelproporz

Manche Wahlsysteme untergliedern das gesamte Wahlgebiet in mehrere Distrikte, um die Zuordnung von Wählern und Gewählten enger einzugrenzen. Im Wesentlichen gibt es drei Vorgehensweisen, wie Distrikte im Wahlsystem aufgenommen werden können. Eine erste Vorgehensweise haben wir bei der Wahl zum Deutschen Bundestag kennengelernt. Die Länder bilden die Wahldistrikte. Ihre Berücksichtigung macht es möglich, dass die Parteien keine Bundeslisten von Kandidaten erstellen müssen, sondern stattdessen in jedem Bundesland eine Landesliste nominieren. Dies gibt Gewissheit, dass die Kandidaten auf den Landeslisten aus demselben Bundesland kommen wie die Wähler selbst. Allerdings bleibt aber am Ende nach den parteiinternen Unterzuteilungen abzuwarten, wie viele Sitze auf ein Land entfallen.

Eine zweite Vorgehensweise gibt den Distrikten mehr Bedeutung. Die Sitzkontingente der Distrikte werden im Vorhinein festgelegt. Die Kontingentierung wirkt sich gelegentlich auf die Stimmgebung aus. Die Wähler bekommen so viele Stimmen, wie Sitze im Distrikt zu vergeben sind. Bei dieser Stimmgebung ist es offensichtlich, dass die Zahl der Sitze pro Distrikt vorab gegeben sein muss. Aber auch sonst kann ein Wahlsystem jedem Distrikt ein festes Sitzkontingent zuweisen. Ist das der Fall, dann besteht ein naheliegender und gängiger Zugang darin, in jedem Distrikt die Sitzzuteilung an die Parteien separat vorzunehmen. Allerdings kann erst am Ende nach den separaten Distriktauswertungen ausgesagt werden, wie viele Sitze jede Partei erhält.

Für beide Vorgehensweisen bedarf es nur einfachproportionaler Zuteilungsmethoden, wie sie bisher besprochen wurden. Jedoch werden diese nicht nur einmal eingesetzt, sondern des Öfteren. Im ersten Fall beim Bundestag sind es die Oberzuteilung und die pro Partei anfallenden Unterzuteilungen. Letztere liefern die Sitzzahlen pro Partei und Distrikt. Dabei sind die Sitzkontingente pro Distrikt nicht vorgegeben, sondern lassen sich nur rückblickend ermitteln. Im zweiten Fall braucht es einfachproportionale Zuteilungen, um die Gesamtsitze auf die Distrikte zu verteilen und um die Sitzzuteilungen an die Parteien im jeweiligen Distrikt separat zu bestimmen. Letztere ergeben die Sitzzahlen pro Distrikt und Partei. Dabei bleiben die Sitzkontingente der Parteien auf Wahlgebietsebene anfangs offen und lassen sich erst schlussendlich zusammenzählen. Entweder sind es also die Sitzkontingente der Distrikte, die der Kontrolle entgleiten, oder die Sitzkontingente der Parteien.

Die dritte Vorgehensweise sind doppeltproportionale Zuteilungsmethoden. Sie gewährleisten beides, sowohl die Sitzkontingente der Distrikte als auch die Sitzkontingente der Parteien. Naturgemäß sind die gehobenen Ansprüche nur mit einem gehobenen Aufwand zu befriedigen. Dank moderner Rechentechnik tritt der Aufwand bei praktischen Anwendungen ganz in den Hintergrund. Einen Überblick über Anwendungen des Doppelproporzes bieten *Pukelsheim/Schuhmacher* (2011). Um die Sicht der Praxis zu betonen, beginnen wir mit einem empirischen Beispiel.

7.2 Wahl des Kantonsrats Schaffhausen 2012

Die Wahl des Kantonsrats im schweizerischen Kanton Schaffhausen wurde 2012 zum zweiten Mal doppeltproportional ausgewertet. Der Kantonsrat ist das kantonale Parlament; es hat sechzig Sitze. Traditionell wird für die Wahl in Schaffhausen der Kanton in sechs Wahldistrikte untergliedert. Bei der Wahl 2012 traten zwölf Parteien an. Das Wahlgesetz legt der Sitzzuteilung die doppeltproportionale Variante der Divisormethode mit Standardrundung zugrunde. Anhand der Wahlergebnisse 2012 erläutern wir beispielhaft, wie man die Sitzkontingente der Distrikte erhält, wie sich die Sitzkontingente der Parteien ergeben und wie die Sitzzahlen pro Distrikt und Partei so bestimmt werden, dass die Sitzkontingente der Distrikte und Parteien genau eingehalten werden.

Sitzkontingente der Distrikte: Distriktgrößen

Das Sitzkontingent eines Distrikts nennt man Distriktgröße. Die Distriktgrößen beruhen auf den Bevölkerungsgrößen zum Jahresende 2010. Für die Zuteilung wird in Schaffhausen die Hare-Quotenmethode mit Ausgleich nach größten Resten benutzt, wobei jedem Distrikt mindestens ein Sitz garantiert ist (Abschn. 8.1.7). Bei den Bevölkerungszahlen 2010 wird die Ein-Sitz-Mindestbedingung automatisch erfüllt. Siehe Tab. 7.1.

Die mindestbedingte Variante der Divisormethode mit Standardrundung hätte dieselben Distriktgrößen geliefert; auf je 1 250 Einwohner entfiele rund ein Sitz. Die Distriktgrößen reichen von 28 Sitzen für die Stadt Schaffhausen bis hinunter zu einem Sitz für die Exklave Buchberg-Rüdlingen. Nur der größte Distrikt genügt der Hausgrößenempfehlung aus Abschn. 3.7, sein Sitzkontingent übertrifft die doppelte Parteienzahl ($28 > 2 \times 12 = 24$). Die anderen Distrikte sind so klein, dass bei einer internen Sitzzuteilung eine dauerhafte Verzerrung der Verhältnismäßigkeit zu befürchten ist. In Buchberg-Rüdlingen ist gar keine Verhältnismäßigkeit mehr möglich, denn es gibt nur einen einzigen Sitz. In der Vergangenheit wurden dort Majorzwahlen durchgeführt, Stimmen für Minderheitsparteien verfielen ohne Wirkung. In Zukunft kommen beim Doppelproporz auch die Stimmen zum Tragen, die auf eine andere Partei als die des Mehrheitssiegers entfallen. Sie wirken sich vielleicht nicht im Distrikt Buchberg-Rüdlingen aus, aber doch im Kanton.

Wie in anderen schweizerischen Kantonen legt auch in Schaffhausen die Distriktgröße die Zahl der Stimmen fest, die den Wählern und Wählerinnen zukommen. Jeder Wähler hat so viele Stimmen, wie in seinem Wahldistrikt Sitze zu besetzen sind. Damit sich Parteien und Kandidaten darauf einstellen können, wurden die Distriktgrößen im Januar 2012 weit vor der Wahl im September 2012 offiziell bekannt gegeben.

Sitzkontingente der Parteien: Oberzuteilung

Das Sitzkontingent einer Partei beruht auf dem Wählererfolg, der sich im gesamten Wahlgebiet einstellt. Um diesen Erfolg zu bemessen, kann man nicht einfach die Parteistimmen in den Distrikten zusammen zählen. Denn dann hätte ein Wähler in der Stadt Schaffhausen, der 28 Stimmen vergeben darf, ein ungleich größeres Gewicht als eine Wählerin

Tab. 7.1 *Distriktgrößen, Schaffhausen 2012.* Die 60 Kantonsratssitze werden gemäß den Bevölkerungsgrößen des Jahresendes 2010 mit der Hare-Quotenmethode mit Ausgleich nach größten Resten den Distrikten zugeteilt. Quotienten werden aufgerundet, wenn ihre Bruchzahl größer als .3 ist; sonst werden sie abgerundet. Die Mindestbedingung von einem Sitz pro Distrikt ist erfüllt

Sh2012Distriktgrößen	Bevölkerung 2010	Min	Quotient	HaQgrR
Stadt Schaffhausen	34 943	1	27.458	28
Klettgau	15 453	1	12.143	12
Neuhausen	10 185	1	8.003	8
Reiat	8 986	1	7.061	7
Stein	5 222	1	4.103	4
Buchberg-Rüdlingen	1 567	1	1.231	1
Summe (Splitt)	76 356	6	(.3)	60

in Buchberg-Rüdlingen, die auf eine Stimme eingeschränkt ist. Aber der Grundsatz der Wahlgleichheit zielt nicht auf die Kreuzchen, die gemacht werden, sondern auf die Menschen, die die Kreuzchen machen. Die Parteistimmen eines Distrikts müssen umgerechnet werden in die Wählerzahl dieses Distrikts. Dazu werden die Parteistimmen durch die Distriktgröße geteilt und dann kaufmännisch gerundet:

$$\text{Wählerzahl pro Distrikt und Partei} := \left\langle \frac{\text{abgegebene Parteistimmen im Distrikt}}{\text{gesetzliche Stimmenzahl eines Wählers}} \right\rangle.$$

Diese Wählerzahlen gehen in Tab. 7.2 ein, sie ergeben sich aus den Parteistimmenzahlen in Tab. 7.3. Tabelle 7.3 zeigt, dass in der Stadt Schaffhausen 55 905 Parteistimmen für die SVP abgegeben wurden. Dies ergibt die Wählerzahl 1 997 (da 55 905/28 = 1 996.6). In Buchberg-Rüdlingen sind die 309 SVP-Stimmen gleich der Wählerzahl (da 309/1 = 309). Die SVP-Wählerzahlen in den sechs Distrikten summieren sich zu 6 740. Die kantonsweite SVP-Wählerzahl 6 740 geht in die Oberzuteilung ein. Für die anderen Parteien erhält man die kantonsweiten Wählerzahlen analog. Auf dieser Grundlage liefert die Divisormethode mit Standardrundung die Sitzzahlen in Tab. 7.2; auf je 418 Wähler entfällt rund ein Sitz.

Alternativ könnte man in der Definition der Wählerzahlen die Standardrundung weglassen. Oder man könnte durch die durchschnittliche Zahl der Parteistimmen, von denen die Wähler im Distrikt Gebrauch machen, teilen anstatt durch die Distriktgröße. Jedoch lassen diese alternativen Definitionen in empirischen Datensätzen weder einen systematischen Unterschied erkennen noch einen Genauigkeitsgewinn. Von daher spricht nichts dagegen, die Distriktgröße im Nenner der Definition zu belassen. Die kaufmännische Rundung unterstützt die Interpretation, dass eine Wählerzahl Menschen zählt und nicht Menschenbruchteile misst.

Tab. 7.2 *Oberzuteilung, Schaffhausen 2012.* Die Sitzkontingente der Parteien werden im Verhältnis ihrer kantonsweiten Wählerzahlen mit der Divisormethode mit Standardrundung bestimmt. Diese Methode harmoniert in herausragender Weise mit dem Grundsatz, dass alle Wähler im Kanton den gleichen Einfluss auf das Wahlergebnis haben. Auf je 418 Wähler entfällt rund ein Sitz

Sh2012Oberzuteilung	Wählerzahl	Quotient	DivStd
SVP	6 740	16.1	16
SP	5 314	12.7	13
FDP	3 778	9.0	9
AL	1 886	4.51	5
ÖBS	1 878	4.49	4
CVP	1 232	2.9	3
JSVP	1 117	2.7	3
EDU	889	2.1	2
JFSH	827	2.0	2
SVP Sen.	618	1.48	1
EVP	551	1.3	1
JUSO	384	0.9	1
Summe (Kantonsdivisor)	25 214	(418)	60

7.2 Wahl des Kantonsrats Schaffhausen 2012

Tab. 7.3 *Unterzuteilung, Schaffhausen 2012.* In der Unterzuteilung werden die Stimmenzahlen durch zwei Divisoren geteilt, durch den Distriktdivisor und durch den Parteidivisor. Diese sind so berechnet, dass die Sitzkontingente der Distrikte und die der Parteien eingehalten werden. Lesebeispiel: Die SVP-Parteistimmen in der Stadt Schaffhausen (55 905) werden durch den Distriktdivisor (10 700) und den SVP-Divisor (1.16) geteilt; der Quotient 4.504 (nicht angezeigt) rechtfertigt 5 Sitze

Sh2012Unterzuteilung	SVP	SP	FDP	AL	ÖBS	CVP	Distriktdivisor
	16	13	9	5	4	3	
Stadt Schaffhausen 28	55 905-5	70 837-6	46 656-4	34 800-4	27 243-2	12 596-1	10 700
Klettgau 12	23 901-4	11 871-2	11 980-2	2 802-1	3 431-1	2 350-0	5 400
Neuhausen 8	4 493-2	5 252-3	3 309-2	781-0	1 003-0	2 054-1	2 000
Reiat 7	8 749-2	4 380-1	3 493-1	968-0	2 087-1	443-0	3 100
Stein 4	2 519-2	1 681-1	464-0	301-0	782-0	1 064-1	1 400
Buchberg-Rüdlingen 1	309-1	92-0	85-0	98-0			400
Parteidivisor	1.16	1.05	1	0.9	1.2	1	

(*Fortsetzung*)	JSVP	EDU	JFSH	SVP Sen.	EVP	JUSO	Distriktdivisor
	3	2	2	1	1	1	
Stadt Schaffhausen 28	8 214-1	9 204-1	11 126-1	5 031-1	7 178-1	5 617-1	10 700
Klettgau 12	5 650-1	3 952-1	1 336-0	1 348-0	3 006-0	917-0	5 400
Neuhausen 8	644-0	457-0	377-0	820-0	348-0	292-0	2 000
Reiat 7	1 241-1	936-0	1 106-1	1 033-0		318-0	3 100
Stein 4	201-0	159-0	202-0	149-0		100-0	1 400
Buchberg-Rüdlingen 1	45-0		63-0	38-0			400
Parteidivisor	0.8	1	0.7	0.9	1.2	1	

Sitzzahlen pro Distrikt und Partei: Unterzuteilung

Mit „Unterzuteilung" bezeichnen wir den abschließenden Schritt, die Sitzzahlen pro Distrikt und Partei zu berechnen. Dabei muss eine dreifache Zielsetzung bedacht werden:

(1) Die Distriktgrößen sind auszuschöpfen.
(2) Die kantonsweiten Sitzkontingente der Parteien sind einzuhalten.
(3) Gleichzeitig ist Proportionalität anzustreben, einerseits innerhalb eines Distrikts hinsichtlich der Erfolge der dortigen Parteien und andererseits innerhalb einer Partei hinsichtlich ihrer Erfolge in den Distrikten.

Diesen Zielen dient die „doppeltproportionale Variante der Divisormethode mit Standardrundung". Sie operiert mit zwei Mengen von Divisoren. Für jeden Distrikt wird ein Distriktdivisor bestimmt und für jede Partei ein Parteidivisor. Die Parteistimmen im Distrikt werden sowohl durch den zugehörigen Distriktdivisor als auch durch den zugehörigen Parteidivisor geteilt und dann standardgerundet zur Sitzzahl:

$$\text{Sitzzahl pro Distrikt und Partei} := \left\langle \frac{\text{Parteistimmen im Distrikt}}{\text{Distriktdivisor} \times \text{Parteidivisor}} \right\rangle.$$

Dabei berechnet die Wahlleitung die Divisoren so, dass die Ziele (1) und (2) erreicht werden. Das heißt, jeder Distrikt bekommt genauso viele Sitze, wie seine Distriktgröße vorgibt, und jede Partei erhält kantonsweit genauso viele Sitze, wie ihr Sitzkontingent ausmacht. Dem Ziel (3) wird dadurch Genüge getan, dass innerhalb eines Distrikts alle Parteistimmen durch denselben Distriktdivisor und innerhalb einer Partei ihre Stimmenzahlen in den Distrikten durch denselben Parteidivisor geteilt werden.

Tabelle 7.3 zeigt die Unterzuteilung. Im inneren Kasten stehen die Parteistimmen in einem Distrikt und – abgesetzt durch einen Bindestrich – die zugeteilten Sitze. Die Sitzkontingente und die Wahlschlüssel für die Distrikte und Parteien sind außen herum drapiert: Die Distriktgrößen stehen links, die Sitzkontingente der Parteien oben, die Distriktdivisoren rechts und die Parteidivisoren unten. Zum Beispiel besagt der Eintrag 55 905-5 für die SVP in der Stadt Schaffhausen, dass auf die SVP dort 55 905 Parteistimmen entfallen sind und sie dafür 5 Sitze bekommt. Um dies zu nachzuprüfen, werden die Parteistimmen durch den zugehörigen Distriktdivisor (10 700) und den zugehörigen SVP-Divisor (1.16) geteilt. Der Quotient ist $55\,905/(10\,700 \times 1.16) = 4.504$, er wird standardgerundet zu 5. Dies rechtfertigt die angezeigten 5 Sitze. Ganz analog ergibt sich für die JUSOs in der Stadt Schaffhausen ein Sitz, denn der Quotient $5\,617/(10\,700 \times 1) = 0.52$ ist größer als ein halb und wird zu eins gerundet. Insgesamt gesehen ist in jeder Zeile die Summe der Sitze gleich der links außen vorgegebenen Distriktgröße. Ebenso ist in jeder Spalte die Summe der Sitze gleich dem im Tabellenkopf ausgewiesenen Sitzkontingent der Partei.

Die größere Wählerorientiertheit des Doppelproporzes kommt beispielsweise durch die wachsende Wahlbeteiligung im Ein-Sitz-Distrikt Buchberg-Rüdlingen zum Ausdruck. Als 2004 der Sitz letztmals im Majorzverfahren vergeben wurde, betrug die Wahlbeteiligung $580/1\,068 = 54$ Prozent. Beim Übergang zum Doppelproporz im Jahr 2008 stieg sie auf 62 Prozent. In der Wahl 2012 wuchs sie weiter auf $730/1\,136 = 64$ Prozent. Die Steigerung um zehn Prozentpunkte weist auf die Wähler hin, die für einen anderen Kandidaten stimmten als den voraussichtlichen Favoriten. Vermutlich gingen diese Wähler früher gar nicht erst zur Wahl, weil sie wussten, dass ihre Stimme erfolglos bleiben würde. Dagegen lässt der Doppelproporz diese Stimmen wirksam werden, zwar nicht für den einen Distriktsitz, wohl aber auf Kantonsebene.

7.3 Distriktgrößen, Votenmatrix und Sitzematrix

Allgemein liegt die folgende Situation vor. Das Wahlgebiet ist in $k \geq 2$ Distrikte unterteilt. Die auf den Distrikt $i \leq k$ entfallende Sitzzahl ist seine „Distriktgröße" (engl. district magnitude); wir bezeichnen sie mit r_i (Abschn. 2.1). Die Herkunft der Distriktgrößen spielt keine Rolle. Wichtig ist nur, dass sie ganzzahlig und positiv sind und die vorgegebene Hausgröße h ausschöpfen, $r_+ = h$. Wie bisher sei $\ell \geq 2$ die Anzahl der Parteien, die an der Sitzzuteilung teilnehmen. Das auf das ganze Wahlgebiet bezogene Sitzkontingent der Partei $j \leq \ell$ bezeichnen wir mit s_j. Wie die Sitzkontingente berechnet werden, spielt

7.3 Distriktgrößen, Votenmatrix und Sitzematrix

keine Rolle. Wichtig ist nur, dass sie ganzzahlig und positiv sind und die vorgegebene Hausgröße h ausschöpfen, $s_+ = h$. Der Kern des Doppelproporzes ist die abschließende Unterzuteilung, die nun in den Mittelpunkt rückt.

Ausgangspunkt für die Unterzuteilung sind die Votenzahlen v_{ij}, die aus Distrikt i für Partei j gemeldet werden. Sie bilden die $k \times \ell$ Votenmatrix $v = ((v_{ij}))$. Dabei können auch Nulleinträge auftreten. Ein verschwindender Votenindex $v_{ij} = 0$ signalisiert, dass in Distrikt i Partei j nicht antritt und somit dort auch keine Stimme bekommt. Bei der Wahl in Schaffhausen war dies siebenmal der Fall; in Tab. 7.3 sind die entsprechenden Zellen leer gelassen. Jedoch kann die Votenmatrix keine Zeilen haben, die durchgängig nur aus Nullen besteht, und auch keine solche Spalten. Denn dann würde es einen Distrikt geben, in dem keine Partei antritt, oder eine Partei, die nirgendwo kandidiert. Wie bei einfachproportionalen Methoden können wir auf die Ganzzahligkeit der Votenzahlen verzichten und gebrochene „Votenindizes" zulassen, $v_{ij} \geq 0$. Die Eigenschaften einer Votenmatrix sind somit die folgenden.

Bezeichnung. Eine „Votenmatrix" ist eine $k \times \ell$ Matrix v mit nichtnegativen Einträgen, deren Zeilen- und Spaltensummen positiv sind,

$$v_{ij} \geq 0, \quad v_{i+} > 0, \quad v_{+j} > 0 \quad \textit{für alle } i \leq k \textit{ und } j \leq \ell.$$

Dabei steht $v_{i+} := v_{i1} + \cdots + v_{i\ell}$ für die Summe der Einträge in Zeile i und $v_{+j} := v_{1j} + \cdots + v_{kj}$ für die Summe der Einträge in Spalte j.

Die Unterzuteilung ist ein Verfahren, um festzulegen, wie viele Sitze in den Distrikten $i \leq k$ den Parteien $j \leq \ell$ zugeteilt werden. Diese Sitzzahlen x_{ij} müssen so gestaltet sein, dass jeder Distrikt seine Distriktgröße wahrnimmt, $x_{i+} = r_i$, und jede Partei ihr wahlgebietsweites Sitzkontingent ausschöpft, $x_{+j} = s_j$. Die Eigenschaften einer Sitzematrix sind somit die folgenden.

Bezeichnung. Eine „Sitzematrix" ist eine $k \times \ell$ Matrix x mit natürlichen Einträgen, wobei zeilenweise die Distriktgrößen und spaltenweise die Sitzkontingente der Parteien eingehalten werden:

$$x_{ij} \in \mathbb{N}, \quad x_{i+} = r_i, \quad x_{+j} = s_j \quad \textit{für alle } i \leq k \textit{ und } j \leq \ell.$$

Sei $\mathbb{N}^{k \times \ell}(r, s)$ die Menge dieser Sitzematrizen. In diesem Zusammenhang werden die Distriktgrößen $r = (r_1, \ldots, r_k)$ auch „Zeilenmarginalien" genannt und die Sitzkontingente der Parteien $s = (s_1, \ldots, s_\ell)$ „Spaltenmarginalien". Gefragt sind Verfahren, die zu einer Sitzematrix x führen, die sich möglichst eng an die Stimmenverhältnisse in der vorliegenden Votenmatrix v anlehnt.

7.4 Doppeltproportionale Divisormethoden

Zweckdienliche Verfahren zur Bestimmung von Sitzematrizen sind die doppeltproportionalen Varianten von Divisormethoden. Der Kanton Schaffhausen orientiert den Doppelproporz an der Divisormethode mit Standardrundung; das ist empfehlenswert, aber nicht zwingend. Jede beliebige Divisormethode kann als Ausgangspunkt dienen. Wie bisher sei $[\![\cdot]\!]$ die Rundungsregel, die einer allgemeinen Divisormethode A zugrunde liegt. Die Sitze, die in Distrikt i auf Partei j entfallen, entstehen aus dem Votenindex v_{ij} durch doppelte Division und Rundung, $x_{ij} \in [\![v_{ij}/(C_i D_j)]\!]$.

Bezeichnung. Die zur Divisormethode mit Rundungsregel $[\![\cdot]\!]$ gehörende „doppeltproportionale Sitzmatrix" ist eine $k \times \ell$ Matrix x, deren Einträge aus der Votenmatrix v durch Division mit „Distriktdivisoren" $C_1, \ldots, C_k > 0$ und „Parteidivisoren" $D_1, \ldots, D_\ell > 0$ und Rundung hervorgehen, wobei zeilenweise die Distriktgrößen und spaltenweise die Sitzkontingente der Parteien eingehalten werden:

$$x_{ij} \in \left[\!\!\left[\frac{v_{ij}}{C_i D_j}\right]\!\!\right], \quad x_{i+} = r_i, \quad x_{+j} = s_j \quad \text{für alle } i \leq k \text{ und } j \leq \ell.$$

Sei $A(r, s; v)$ die Menge dieser doppeltproportionalen Sitzematrizen; die Notation ist der Schreibweise für die Lösungsmenge $A(h; v)$ einer einfachproportionalen Divisormethode nachempfunden (Abschn. 2.2). Das Attribut „doppeltproportional" ist ein Hinweis darauf, dass auf Proportionalität in zwei unterschiedliche Richtungen abgezielt wird. Einerseits werden innerhalb eines Distrikts i die Stimmenerfolge der ℓ Parteien verhältnistreu abgebildet, indem die Votenzahlen $v_{i1}, \ldots, v_{i\ell}$ mit dem für alle Parteien gleichen Distriktdivisor C_i skaliert werden. Andererseits gilt dies auch bezüglich einer Partei j für ihre Stimmenerfolge in den k Distrikten, weil die Votenzahlen $v_{1j}, \ldots, v_{kj}$ durch den für alle Distrikte geltenden Parteidivisor D_j zu teilen sind. Allerdings sind die beiden Skalierungsschritte wegen der multiplikativen Form $C_i D_j$ zusätzlichen Wechselwirkungen ausgesetzt.

Auch bei doppeltproportionalen Divisormethoden bestehen gewisse Freiheiten, welche Divisoren tatsächlich benutzt werden. Denn wenn alle Quotienten $v_{ij}/(C_i D_j)$ echt zwischen den Sprungstellen $s(x_{ij})$ und $s(x_{ij} + 1)$ zu liegen kommen, dann können die Divisoren C_i und D_j geringfügig variieren, ohne dabei die Sitzmatrix x zu ändern. Überdies kommt ein neuer Freiheitsgrad hinzu. Werden nämlich die Divisoren C_i und D_j mit einer Konstanten $m > 0$ in neue Divisoren $E_i := C_i/m$ und $F_j := mD_j$ umskaliert, dann bleibt das Produkt gleich, $C_i D_j = E_i F_j$, und somit auch die Sitzmatrix. Wir nutzen diesen Spielraum aus, um die Divisoren auf ein kommunikationsfreundliches Format zu bringen (PR 192). Mit der Konstanten $m := \text{med}(C_1, \ldots, C_k)$ bestimmen wir erst Zitierdivisoren für die einzelnen Parteien. Dadurch wird der mittlere Wert aller Parteidivisoren auf eins gestellt. Danach werden separat in jedem Distrikt die Distriktdivisoren auf Zitierformat gebracht. Auf diese Weise ergeben sich beispielsweise die Divisoren in Tab. 7.3.

7.5 Grundeigenschaften und Diskordanzen

Dort sind vier Parteidivisoren gleich eins, vier sind größer als eins und vier sind kleiner. Diese Normierung der Parteidivisoren bewirkt, dass die Distriktdivisoren nahe den Werten zu liegen kommen, die vormals bei separaten Zuteilungen in den Distrikten aufgetreten wären.

7.5 Grundeigenschaften und Diskordanzen

Für einfachproportionale Zuteilungsmethoden zählt Abschn. 2.3 fünf Grundeigenschaften auf: Anonymität, Balanciertheit, Konkordanz, Homogenität und Exaktheit. Drei davon übertragen sich sinngemäß auf doppeltproportionale Sitzematrizen: Anonymität, Homogenität und Exaktheit.

Balanciertheit geht beim Doppelproporz verloren. Wenn in Distrikt i die Partei j genauso viele Stimmen hat wie in Distrikt p die Partei q, dann folgt daraus nicht, dass die Sitzzahlen sich um höchstens einen Sitz unterscheiden, $v_{ij} = v_{pq} \not\Rightarrow |x_{ij} - x_{pq}| \leq 1$. Ein Beispiel ergibt sich mit den Daten aus Schaffhausen, wenn wir im Distrikt Klettgau die CVP von 2350 auf 2519 Stimmen anheben. Dies ist dieselbe Stimmenzahl, die im Distrikt Stein die SVP erreicht. Oberzuteilung und Unterzuteilung bleiben dieselben wie in den Tab. 7.3 und 7.2. Trotz Stimmengleichheit werden einmal null Sitze zugeteilt und das andere Mal zwei. Balanciertheit ist verletzt. Auch Konkordanz kann beim Doppelproporz nicht immer gewährleistet werden. Mehr Stimmen garantieren nicht, dass mehr oder gleich viele Sitze zugeteilt werden, $v_{ij} > v_{pq} \not\Rightarrow x_{ij} \geq x_{pq}$. Beispielsweise können wir die CVP-Stimmenzahl im Klettgau auf 2520 anheben (oder sogar auf 4668). Damit hat sie zwar mehr Parteistimmen als die SVP in Stein. Aber nach wie vor erhält die CVP im Klettgau keinen Sitz und die SVP in Stein zwei. Eine Paarung (i, j) und (p, q), in der mehr Stimmen mit weniger Sitzen einhergehen,

$$v_{ij} > v_{pq} \quad \text{und} \quad x_{ij} < x_{pq},$$

heißt „Diskordanzpaar" oder auch „gegenläufige Sitzvergebung".

Man ist versucht, den Verlust von Balanciertheit und Konkordanz zu entschuldigen, weil ein Vergleich von Parteistimmen in zwei Distrikten sich verbietet, wenn dort die gesetzlichen Stimmenzahlen für die Wähler verschieden sind. Andererseits ist zu bedenken, dass in der Votenmatrix eine Reskalierung einzelner Zeilen oder einzelner Spalten die doppeltproportionale Sitzematrix, die sich ergibt, invariant lassen.

Die Entschuldigung ungleicher Stimmenzahlen für die Wähler entfällt, wenn der Vergleich zwei Parteien innerhalb desselben Distrikts betrifft ($i = p$). Selbst hier sind Diskordanzen möglich. Zum Beispiel bekommt im Distrikt Klettgau die Partei AL für 2802 Parteistimmen einen Sitz, wohingegen die EVP mit mehr Parteistimmen (3006) leer ausgeht (Tab. 7.3). Eine Erklärung findet sich, wenn nicht nur der betreffende Distrikt in den Blick genommen wird, sondern der ganze Kanton. Die Klettgauer EVP-Stimmen ergeben die Wählerzahl $\langle 3006/12 \rangle = 251$. Aber die EVP-Stimmen in der Stadt Schaffhausen stehen für mehr Wähler, nämlich $\langle 7178/28 \rangle = 256$. Es ist also erklärlich, dass der eine Sitz, den die Oberzuteilung der EVP zuteilt, der Stadt Schaffhausen zugutekommt und nicht dem Distrikt Klettgau.

Glücklicherweise treten Diskordanzen in der Praxis selten auf. Zudem lassen sie keine Systematik erkennen. Es gibt keine Anzeichen dafür, dass gewisse Parteien oder gewisse Distrikte Diskordanzen in höherem Maß ausgesetzt wären als andere. Diskordanzen sind nicht vorhersehbar und deshalb auch nicht manipulierbar. Diskordanzpaare lassen sich fast immer plausibel erklären, wenn man über den betreffenden Distrikt hinausgeht und das gesamte Wahlgebiet bedenkt. Der gelegentliche Anfall von Diskordanzen ist der Preis dafür, dass der Doppelproporz zwei unterschiedliche Dimensionen zusammenführt, territoriale Repräsentation und parteiliche Repräsentation.

7.6 WTO-Modifikation

Innerhalb eines Ein-Sitz-Distrikts irritiert ein Diskordanzpaar vornehmlich dann, wenn der einzige zu vergebende Sitz nicht an die stärkste Partei geht sondern an eine schwächere. Um einen solchen Fall zu konstruieren, erhöhen wir in den Schaffhauser Daten die AL-Stimmen in Buchberg-Rüdlingen von 98 auf 262. Die Oberzuteilung in Tab. 7.2 ändert sich nicht. Aber in der Unterzuteilung ginge der einzige Sitz in Buchberg-Rüdlingen nicht an die Mehrheit der 309 SVP-Wähler, sondern an die Minderheit der 262 AL-Wähler. Die vormals praktizierte Majorzwahl wäre auf den Kopf gestellt. Die Diskordanz würde einen verstörenden Eindruck hinterlassen.

Diese Ungereimtheit lässt sich durch Mindestbedingungen in der Unterzuteilung vermeiden: *Die stimmenstärkste Partei eines Distrikts erhält mindestens einen Sitz.* Wir nennen diese Regelung die „WTO-Modifikation" (engl. winner-take-one modification). Die Formulierung ist so allgemein gehalten, um dem Grundsatz der Wahlgleichheit zu genügen. In Mehr-Sitz-Distrikten ist es erfahrungsgemäß sicherlich so, dass die stärkste Partei mindestens einen Sitz erhält. Wichtig wird die WTO-Modifikation erst in Ein-Sitz-Distrikten. Sie stellt sicher, dass der einzige Sitz an die stärkste Partei geht. Man könnte von einer „eingebetteten Majorzwahl" sprechen. Aber die WTO-Modifikation reicht über die traditionelle Majorzwahl hinaus. Zwar erhält die Wählermehrheit den einen Sitz, den es gibt. Aber der Doppelproporz lässt auch diejenigen Stimmen zur Wirkung kommen, die für die unterlegenen Kandidaten und Parteien abgegeben werden.

Die WTO-Modifikation zieht Mindestbedingungen auch für die Oberzuteilung nach sich. Das Sitzkontingent einer jeden Partei muss mindestens so viele Sitze umfassen, wie die Anzahl der Distrikte ausmacht, wo die Partei die meisten Stimmen erhalten hat. Die Oberzuteilung muss auf eine mindestbedingte Variante umgestellt werden. Praktisch macht die Umstellung keine Schwierigkeit. Parteien, die sich in den Distrikten als die stimmenstärksten erweisen, sind auch im gesamten Wahlgebiet stark genug, dass die Mindestbedingungen automatisch erfüllt sind.

Bei der Wahl in Schaffhausen 2012 war die SVP viermal die stärkste Distriktpartei (in Klettgau, Reiat, Stein und Buchberg-Rüdlingen) und die SP zweimal (Stadt Schaffhausen und Neuhausen). Kantonsweit muss die SVP also mindestens vier Sitze erhalten und die SP mindestens zwei. Gemäß Tab. 7.2 bekommt die SVP 16 Sitze und die SP 13; die Mindestbedingungen sind ohne weiteres Zutun erfüllt. In der Unterzuteilung entfällt in den größeren Distrikten auf die stärkste Partei eh immer mindestens ein Sitz; hier bleibt die WTO-Modifikation unsichtbar. Aber im Ein-Sitz-Distrikt Buchberg-Rüdlingen kann die WTO-Modifikation Bedeutung erlangen. Sie würde im Eingangsbeispiel sicher stellen, dass die Mehrheit der 309 SVP-Wähler im Kantonsrat vertreten wird, selbst wenn es 262 oder sogar 308 AL-Wähler gäbe.

7.7 Eindeutigkeit und Existenz

Die Vorgabe, dass die doppeltproportionale Sitzematrix die Distriktgrößen und die Sitzkontingente der Parteien einhalten muss, erfordert zur Bestimmung der Divisoren aufwendigere Rechnungen. An und für sich stellt der Aufwand kein Hindernis dar, weil solche Rechnungen heutzutage maschinell erledigt werden. Aber können wir der Maschine vertrauen? Was würde passieren, wenn die Maschine falsch programmiert wäre oder manipuliert würde? Die Antwort ist beruhigend, sobald wir *Ausrechnen* unterscheiden von *Nachrechnen*. Maschinen sind durchaus hilfreich, um ein Ergebnis auszurechnen. Aber sie sind entbehrlich, um die auf einer Divisormethode beruhende Sitzzuteilung nachzurechnen. Sobald mit der Sitzzuteilung auch dazu passende Divisoren veröffentlicht werden, folgt das Nachrechnen dem Motto „Teile und runde".

Die einzige Ungewissheit, die es auszuräumen gilt, ist die Frage nach der Eindeutigkeit. Wenn eine Sitzematrix sich in der Nachrechnung bestätigt, müssen wir sicher sein, dass es keine andere Sitzematrix gibt, die ebenfalls einer Nachrechnung standhalten würde. Diese Versicherung liefert das Eindeutigkeitstheorem. Es ist der einzige abstrakte Fakt, der für den praktischen Einsatz doppeltproportionaler Methoden wirklich wichtig ist. Wir erinnern daran, dass zur Rundungsregel $[\![\cdot]\!]$ eine Sprungstellenfolge $s(0), s(1), s(2), \ldots$ gehört (Abschn. 1.8).

Eindeutigkeitstheorem *Gegeben seien eine Divisormethode A, zu deren Rundungsregel die Sprungstellenfolge $s(0), s(1), s(2), \ldots$ gehört, und eine doppeltproportionale Sitzematrix $x \in A(r, s; v)$ mit Distriktdivisoren $C_1, \ldots, C_k$ und Parteidivisoren $D_1, \ldots, D_\ell$.*

Wenn es höchstens dreimal vorkommt, dass ein Quotient $v_{ij}/(C_i D_j)$ eine der Sprungstellen $s(x_{ij})$ oder $s(x_{ij} + 1)$ trifft, dann ist x die einzige doppeltproportionale Sitzematrix, $A(r, s; v) = \{x\}$.

Beweis Unter der Annahme, dass es neben x eine andere Sitzematrix $y \in A(r, s; v)$ gibt, zeigen wir, dass mindestens vier der Quotienten $v_{ij}/(C_i D_j)$ an Sprungstellen gebunden sind.

Wegen $x \neq y$ ist die Differenz $z := y - x$ nicht die Nullmatrix. Da aber Zeilen- und Spaltensummen null sind, existieren $q \geq 2$ Zeilen $i_1, \ldots, i_q$ und Spalten $j_1, \ldots, j_q$

so, dass entlang des Zyklus (i_1, j_1), (i_2, j_1), (i_2, j_2), (i_3, j_2), ..., (i_{q-1}, j_{q-1}), (i_q, j_{q-1}), (i_q, j_q), (i_1, j_q) die Einträge der Matrix z im Vorzeichen alternieren, $-, +, \ldots$, und dabei alle Votenindizes $v_{i_p j_p}$ und $v_{i_{p+1} j_p}$ positiv sind (PR 194). Wir setzen $i_{q+1} := i_1$.

Seien E_i und F_j die Divisoren von y. Die Rundungen $x_{ij} \in [\![v_{ij}/(C_i D_j)]\!]$ und $y_{ij} \in [\![v_{ij}/(E_i F_j)]\!]$ sind äquivalent mit den Ungleichungen

$$\frac{s(x_{ij})}{v_{ij}} \leq \frac{1}{C_i D_j} \leq \frac{s(x_{ij}+1)}{v_{ij}} \quad \text{und} \quad \frac{s(y_{ij})}{v_{ij}} \leq \frac{1}{E_i F_j} \leq \frac{s(y_{ij}+1)}{v_{ij}}.$$

Daraus ergeben sich für den obigen Zyklus zwei Ungleichungsketten:

$$\prod_{p \leq q} \frac{s(x_{i_p j_p})}{v_{i_p j_p}} \leq \prod_{p \leq q} \frac{1}{C_{i_p} D_{j_p}} = \prod_{p \leq q} \frac{1}{C_{i_{p+1}} D_{j_p}} \leq \prod_{p \leq q} \frac{s(x_{i_{p+1} j_p}+1)}{v_{i_{p+1} j_p}}, \tag{1}$$

$$\prod_{p \leq q} \frac{s(y_{i_{p+1} j_p})}{v_{i_{p+1} j_p}} \leq \prod_{p \leq q} \frac{1}{E_{i_{p+1}} F_{j_p}} = \prod_{p \leq q} \frac{1}{E_{i_p} F_{j_p}} \leq \prod_{p \leq q} \frac{s(y_{i_p j_p}+1)}{v_{i_p j_p}}. \tag{2}$$

Die alternierenden Vorzeichen in der Matrix z entlang des Zyklus bedeuten $y_{i_p j_p} < x_{i_p j_p}$ und $y_{i_{p+1} j_p} > x_{i_{p+1} j_p}$. Ganzzahligkeit verschärft dies zu $y_{i_p j_p} + 1 \leq x_{i_p j_p}$ und $x_{i_{p+1} j_p} + 1 \leq y_{i_{p+1} j_p}$. Die Monotonie von Sprungstellen ergibt $s(x_{i_{p+1} j_p} + 1) \leq s(y_{i_{p+1} j_p})$ und $s(y_{i_p j_p} + 1) \leq s(x_{i_p j_p})$. Somit lässt sich die Ungleichungskette (1) mit (2) fortsetzen und (2) mit (1). Folglich gilt in (1) und (2) durchgängig das Gleichheitszeichen. Gleichheit in (1) erzwingt

$$\frac{v_{i_p j_p}}{C_{i_p} D_{j_p}} = s(x_{i_p j_p}) \quad \text{und} \quad \frac{v_{i_{p+1} j_p}}{C_{i_{p+1}} D_{j_p}} = s(x_{i_{p+1} j_p} + 1)$$

für alle $p \leq q$. Da ein Zyklus mindestens vier Zellen hat, treten mindestens vier Bindungen auf, die von der Art $v_{ij}/(C_i D_j) = s(x_{ij})$ oder $v_{ij}/(C_i D_j) = s(x_{ij} + 1)$ sind. □

Bei genauerem Hinsehen lässt der Beweis erkennen, dass eine doppeltproportionale Sitzematrix eindeutig ist „bis auf Bindungen". Eine Bindung bedeutet, dass ein Quotient $v_{ij}/(C_i D_j)$ eine der Sprungstellen trifft, die zur Rundungsregel gehören. Eindeutigkeit des Zuteilungsergebnisses kann nur verloren gehen, wenn vier oder mehr Bindungen auftreten. Zudem müssen sie die Konstruktion eines Zyklus gestatten, in dem Dekrementierung und Inkrementierung abwechseln. In empirischen Datensätzen sind Bindungen extrem rar. Und es ist gänzlich unwahrscheinlich, dass es viele davon gibt und sie sich zyklisch anordnen lassen. Aus praktischer Sicht können wir getrost behaupten, dass doppeltproportionale Sitzzuteilungen immer eindeutig sind.

Ein rein akademisches Problem ist die Existenzfrage (PR 198). Gibt es Situationen, in denen es keine doppeltproportionale Sitzematrix gibt? Am Beispiel von Tab. 7.3 könnte man spekulieren, dass die EVP in den drei Distrikten, wo sie kandidiert, fast alle Wahlberechtigten aktiviert und auf sich zieht, aber anderswo kaum jemand zur Wahl geht. Dann würde die Partei in der Oberzuteilung 49 Sitzen erhalten oder gar mehr. Jedoch verfügen die drei Distrikte, in denen sie präsent ist, nur über $28 + 12 + 8 = 48$ Sitze. In diesem Szenario ist es *nicht* möglich, die kantonsweit kontingentierten 49 EVP-Sitze in den drei EVP-Distrikten bereitzustellen.

Nichtexistenz-Situationen kommen in der Praxis nicht vor. Distriktgrößen, parteiliche Sitzkontingente und Struktur der Votenmatrix sind keine willkürlichen Festlegungen, sondern inhaltlich miteinander verknüpft. Praktischen Wahlergebnissen ist ein so hoher Grad an innerer Konsistenz zu eigen, dass Nichtexistenz-Situationen Konstrukte der Theorie bleiben. Will man dennoch für den Nichtexistenz-Fall vorsorgen, so bieten sich zwei Optionen an. Entweder werden die Distrikte separat ausgewertet; dann sind die Distriktgrößen garantiert, nicht aber die wahlgebietsweiten Sitzkontingente der Parteien. Oder die Sitzkontingente der Parteien werden in Form von parteiinternen Unterzuteilungen den Distrikten zugeteilt (Abschn. 6.7); dann werden die parteilichen Sitzkontingente garantiert, nicht aber die Distriktgrößen.

7.8 Algorithmus der alternierenden Skalierung

Schon für einfachproportionale Divisormethode gibt es keine geschlossene Formel, um mit einem Schlag einen zulässigen Divisor zu bestimmen. Stattdessen kommen algorithmische Berechnungsverfahren zum Zuge. Nichts anderes gilt beim Doppelproporz für die Bestimmung der Distrikt- und Parteidivisoren. In diesem Buch skizzieren wir nur den „Algorithmus der alternierenden Skalierung" (AS-Algorithmus). Das Verfahren begnügt sich damit, die zugehörige einfachproportionale Divisormethode immer wieder neu anzuwenden. Einen anderen Ansatz bietet der „Algorithmus des Tie-and-Transfer" (TT-Algorithmus), der die Fragestellung als Transportproblem umdeutet und Bindungen (ties) erzeugt, um Sitze von einer Fehlplatzierung zu einer passenderen Zelle zu transferieren. Der TT-Algorithmus liefert die Lösung, falls sie existiert, oder er endet mit der Meldung, dass es keine gibt (PR 207).

Der AS-Algorithmus alterniert zwischen Zeilenanpassungen und Spaltenanpassungen. Vorab werden alle Divisoren auf den Wert eins gesetzt. Dann beginnt der Algorithmus mit „Zeilenanpassungen": Innerhalb eines jeden Distrikts $i \leq k$ wird die von der Distriktgröße r_i vorgegebene Sitzzahl den ℓ Parteien zugeteilt, und zwar proportional zu den Votenindizes $v_{i1}, \ldots, v_{i\ell}$. Stellt sich heraus, dass alle Parteien ihre wahlgebietsweiten Sitzkontingente ausschöpfen, ist die Sitzematrix gefunden und der Algorithmus stoppt. Andernfalls werden die Zeilen von v durch den aktuellen Distriktdivisor geteilt und als neue Votenmatrix $v(1)$ abgespeichert. (Hier machen wir Gebrauch von der Freiheit, dass die Einträge einer Votenmatrix nicht ganzzahlig sein müssen.) Dann folgen „Spaltenanpassungen": Innerhalb einer jeden Partei $j \leq \ell$ wird die von ihrem Sitzkontingent s_j vorgegebene Sitzzahl den k Distrikten zugeteilt, und zwar proportional zu den vorher abgespeicherten Votenindizes $v_{1j}(1), \ldots, v_{kj}(1)$. Falls sich herausstellt, dass die Sitze in den Distrikten sich zur Distriktgröße aufsummieren, ist die Sitzematrix gefunden und der

Algorithmus stoppt. Andernfalls werden die Spalten von $v(1)$ durch den aktuellen Parteidivisor geteilt und als neue Votenmatrix $v(2)$ abgespeichert. Mit Zeilenanpassungen und Spaltenanpassungen wird abwechselnd so lange fortgefahren, bis der Algorithmus stoppt.

Für die Schaffhauser Daten braucht der AS-Algorithmus fünf Anpassungen. Dreimal werden die Zeilen angepasst und zweimal die Spalten. Die einfachproportionale Divisormethode mit Standardrundung wird also $3 \times 6 + 2 \times 12 = 18 + 24 = 42$-mal ausgeführt, um die Unterzuteilung in Tab. 7.3 zu bestimmen. Im nun folgenden abschließenden Beispiel der Europawahlen gibt es $k = 27$ Distrikte und $\ell = 8$ Parteien. Der AS-Algorithmus durchläuft sechzehn Anpassungen, um die Unterzuteilung in Tab. 7.5 zu finden. Dementsprechend wird die einfachproportionale Divisormethode mit Standardrundung $8 \times 27 + 8 \times 8 = 216 + 64 = 280$-mal aufgerufen, um den Doppelproporz ans Ziel zu bringen.

7.9 Doppelproporz bei Europawahlen

Die gleichzeitige Berücksichtigung von territorialer Untergliederung des Wahlgebiets und politischer Aufteilung der Wählerschaft würde bei der Wahl des Europäischen Parlaments einen makellosen Einklang mit dem Primärrecht der Europäischen Union herstellen. Denn einerseits sind seit Anbeginn die Mitgliedstaaten die Herren der Verträge; die mitgliedstaatliche Gliederung ist eine tragende Säule der Union. Andererseits sind die Mitglieder des Europäischen Parlaments seit dem Vertrag von Lissabon gewählte Vertreter der Unionsbürger und Unionsbürgerinnen im Sinne einer parteipolitischen Repräsentation; Stimmzettel fragen die politischen Präferenzen von Wählern ab, nicht ihre mitgliedstaatliche Zugehörigkeit.

Allerdings gibt es derzeit noch kein europäisches Parteiensystem, das es erlauben würde, die in den Mitgliedstaaten abgegebenen Wählerstimmen unionsweit zusammenzuführen. Um trotzdem den Doppelproporz beispielhaft vorführen zu können, sind im Folgenden die Wählerstimmen der Wahl 2009 unionsweit nach Parlamentsfraktionen zusammengezählt, so wie zu Beginn der Legislaturperiode die mitgliedstaatlichen Parteien einer der sieben Fraktionen beigetreten sind. Um in dieser Rechnung die Wählerstimmen für fraktionslose Abgeordnete nicht zu verlieren, werden sie als eine achte Pseudofraktion „NA" (non-attached) mitgeführt. Die Aggregation der Wählerstimmen nach Parlamentsfraktionen ist mit parlamentarischen Gepflogenheiten unvereinbar und im Einzelnen mit weiteren Abwägungen behaftet (PR 28); sie dient hier ausschließlich zur Illustration des Doppelproporzes.

Sehen wir vom hypothetischen Charakter der aggregierten Stimmenzahlen ab, so zeigen die Oberzuteilung in Tab. 7.4 und die Unterzuteilung in Tab. 7.5 exemplarisch, wie der Doppelproporz funktionieren würde. Die Oberzuteilung legt die parteipolitische Zusammensetzung des Parlaments fest. Tabelle 7.4 benutzt die Divisormethode mit Standardrundung; auf je 192 200 Stimmen entfällt rund einer der 751 Gesamtsitze. Hinsichtlich der politischen Vertretung gilt „Erfolgswertgleichheit": alle Wähler haben mit der Stimme, die sie abgeben, den gleichen Einfluss auf das Wahlergebnis. One person,

7.9 Doppelproporz bei Europawahlen

Tab. 7.4 *Hypothetischer Doppelproporz bei den Europawahlen 2009: Oberzuteilung von 751 Sitzen an acht Fraktionen.* Die Zuteilung basiert auf der Summe der Stimmen für die mitgliedstaatlichen Parteien, die sich der betreffenden Fraktion angeschlossen haben. Die fraktionslosen Abgeordneten bilden die Pseudofraktion NA. Lesebeispiel: Die EPP-Stimmen (52 324 413) werden durch den Unionsdivisor (192 200) geteilt. Der Quotient 272.2 rechtfertigt 272 Sitze

EP2009 Doppelproporz Oberzuteilung		Stimmen	Quotient	DivStd
EPP	European People's Party	52 324 413	272.2	272
S & D	Progressive Alliance of Socialists and Democrats	36 776 044	191.3	191
ALDE	Alliance of Liberals and Democrats for Europa	16 058 094	83.55	84
GREENS/EFA	European Greens / European Free Alliance	12 070 029	62.8	63
ECR	European Conservatives and Reformists	7 610 712	39.6	40
EFD	Europe of Freedom and Democracy	7 153 584	37.2	37
GUE/NGL	Gauche unitaire européenne / Nordic Green Left	6 280 876	32.7	33
NA	Non-Attached Members of the EP	5 970 692	31.1	31
Summe (Unionsdivisor)		144 244 444	(192 200)	751

one vote. Für die parteipolitische Repräsentation ist die mitgliedstaatliche Herkunft der Wähler unerheblich.

Für die personelle Zusammensetzung des Parlaments trägt die mitgliedstaatliche Gliederung der Union eine wichtige zweite Dimension bei, die vermittels einer doppelproportionalen Unterzuteilung in Tab. 7.5 berücksichtigt wird. Dazu müssen die Sitzkontingente der Mitgliedstaaten – also in der Sprache dieses Kapitels die Distriktgrößen – vorgegeben werden. Zum Glück macht es dem Doppelproporz nichts aus, wie diese Vorgabe zu Stande kommt. Das hochpolitische Problem, wie die mitgliedstaatlichen Sitzkontingente ausgestaltet werden, muss nicht gelöst sein, damit der Doppelproporz greift. Das Problem kann in die Zukunft vertagt werden, ohne den Doppelproporz zu bremsen. Hier benutzen wir die Sitzkontingente, die sich aus dem Cambridge-Kompromiss ergeben würden, wäre er denn im Vorfeld der Wahl 2009 zum Einsatz gekommen (PR 212).

Mit diesen vorgegebenen Sitzkontingenten für die Mitgliedstaaten und mit den zuvor in der Oberzuteilung bestimmten Sitzkontingenten der Fraktionen berechnet Tab. 7.5 die Sitzmatrix, wobei die doppeltproportionale Variante der Divisormethode mit Standardrundung verwendet wird. Die vorgegebenen Sitzkontingente umranden die Sitzematrix links und oben, während rechts und unten passende Divisoren ausgewiesen sind. Damit können die Sitzzahlen spielend leicht nachgeprüft werden. Zum Beispiel sind die deutschen EPP-Stimmen (9 968 153) durch den Deutschland-Divisor (251 000) und den EPP-Divisor (0.9575) zu teilen. Der Quotient ist 41.48 und rechtfertigt die angezeigten 41 Sitze.

Ein Diskordanzbeispiel findet sich in Irland. Auf die 254 669 S & D-Wähler entfallen zwei der 191 S & D-Sitze. Die größere Zahl der 256 123 GUE/NGL-Wähler erhält aber nur einen Sitz, weil der Quotient 1.494 ganz knapp einen zweiten der unionsweit nur 33 GUE/NGL-Sitze verpasst. Unionsweite Wechselwirkungen lassen sich auch anderweitig konstruieren. Die Oberzuteilung mit Unionsdivisor 192 200 suggeriert, dass der S & D-Quotient 191.3 bei weiteren 80 000 S & D-Wählern die nächste Sprungstelle 191.5 passiert

Tab. 7.5 *Hypothetischer Doppelproporz bei den Europawahlen 2009: Unterzuteilung der Sitze pro Fraktion und Mitgliedstaat.* Die Sitze pro Fraktion und Mitgliedstaat werden mit der doppeltproportionalen Variante der Divisormethode mit Standardrundung bestimmt. Die Divisoren stellen sicher, dass sowohl die Sitzkontingente der Mitgliedstaaten als auch die Sitzkontingente der Fraktionen eingehalten werden. Lesebeispiel: Die deutschen EPP-Stimmen (9 968 153) werden durch den DE-Divisor (251 000) und den EPP-Divisor (0.9575) geteilt. Der Quotient 41.48 (nicht angezeigt) rechtfertigt 41 Sitze. Die Ländercodes sind Tab. 5.3 entnommen

EP2009DP Unterzuteil.	EPP 272	S & D 191	ALDE 84	GRE/EFA 63	ECR 40	EFD 37	GUE/NGL 33	NA 31	Staatsdivisor
DE 96	9968153-41	5472566-23	2888084-12	3194509-13			1969239-7		251000
FR 85	4799908-30	2838160-18	1455841-9	2803759-16		257437-2	915634-5	891847-5	169000
UK 82		2460249-16	2080613-13	1767218-11	4131386-18	2498226-17	126184-1	1181845-6	162000
IT 80	12966334-39	7997770-24	2476695-7				3125418-10		350000
ES 62	6670377-28	6141784-25	808246-3	689062-3			294124-1	451866-2	253000
PL 52	3787998-33	908765-8			2017607-11				121000
RO 31	2074019-14	1504218-10	702974-5					419094-2	150000
NL 26	913233-6	548691-4	1034065-6	412537-2	155270-1	169882-1	323269-2	772746-4	163500
EL 19	1655722-7	1878982-8		178987-1		366637-1	669212-2		261800
BE 19	1288422-4	1259998-4	1485854-4	1319341-4	296699-1			647170-2	350000
PT 18	1427300-8	946475-6					761718-4		178000
CZ 18	180451-2	528132-6			741946-6		334577-4		87000
HU 18	1632309-11	503140-3			153660-1			427773-3	151000
SE 17	744851-5	773513-5	603799-3	575029-3			179182-1		172700
AT 16	858921-5	680041-4		284505-2				870299-5	170000
BG 14	832510-5	476618-3	569343-4					308052-2	160000
DK 12	297199-2	503439-3	474041-2	371603-2		357942-2	168555-1		200000
SK 12	324081-6	264722-4	74241-1			45960-1			61530
FI 12	455874-3	292051-2	418251-3	206439-2		162930-1	98690-1		136050
IE 11	532889-4	254669-2	525375-3	34585-0		99709-1	256123-1		158000
LT 9	147756-3	102347-2	88870-2		46293-1	67237-1			50000
SI 8	200429-4	85407-2	98450-2						50000
LV 8	245288-3	77447-1	59326-1	76436-1	58991-1		77447-1		80000
EE 7	48492-1	34508-1	164383-3	116830-2	8860-0	2206-0			60000
CY 7	109209-3	67794-2	12630-0				106922-2		40000
LU 6	62202-2	38641-2	37013-1	33387-1					26000
MT 6	100486-3	135917-3		5802-0					41000
Parteidiv.	0.9575	0.9563	1	1.0114	1.45	0.934	1.085	1.13	

und einen zusätzlichen Sitz einbringt (und ALDE diesen Sitz verliert). Diese Vorhersage wird von der Rechnung bestätigt. Aber selbst wenn die weiteren 80 000 Wähler alle in Italien hinzukommen, geht der S & D-Zusatzsitz nicht nach Italien, sondern in die Slowakei. Wählerwachstum einer Partei wirkt in der Oberzuteilung geradlinig, ihre Sitzzahl kann dadurch nur wachsen. Wo sich das Wachstum in der Unterzuteilung personell auswirkt, ist dagegen nicht vorhersagbar, weil dies von der Stimmenverteilung in der gesamten Union abhängig ist.

Anhänge 8

Zusammenfassung

Der Anhang bietet eine Kurzdarstellung von Quotenmethoden und eine Auflistung von Optimalitätskriterien. Die Klasse von Quotenmethoden umfasst Zuteilungsmethoden, die nach dem Motto „Teile und ordne" vorgehen. Das prominenteste Verfahren ist die Hare-Quotenmethode mit Ausgleich nach größten Resten. Andere Verfahren gründen die Hauptzuteilung auf andere Quoten als die Hare-Quote und benutzen andere Ausgleichsverfahren als das nach größten Resten. Quotenmethoden führen zu Sitzzuteilungen, die auf Änderungen von Hausgröße und Stimmenanteilen widersinnig reagieren. Zusatzbedingungen lassen sich bei Quotenmethoden nur in geringem Maße berücksichtigen. Ein Optimalitätskriterium liefert Maßzahlen für die Abweichungen, die zwischen realen Sitzzuteilungen und idealen Zielvorstellungen wegen der Ganzzahligkeit der Sitzzahlen unvermeidbar sind. Es werden acht Kriterien vorgestellt, von denen jedes als relativ plausibel und keines als absolut zwingend erscheint. Unter den Zuteilungsverfahren, die diese Kriterien optimieren, sticht die Divisormethode mit Standardrundung hervor, weil sie mit dem verfassungsrechtlichen Grundsatz der Wahlgleichheit in seiner Gestalt als Erfolgswertgleichheit der Wählerstimmen besonders gut harmoniert.

8.1 Quotenmethoden

8.1.1 Divisormethoden und Quotenmethoden

Jede Divisormethode ist dadurch gekennzeichnet, dass sie eine Rundungsregel festlegt und den Divisor als beweglichen Wahlschlüssel versteht, der im Einzelfall so bestimmt wird, dass die gegebene Hausgröße h ausgeschöpft wird. Quotenmethoden vertauschen die Art, wie Rundung und Skalierung eingesetzt werden. Jede Quotenmethode arbeitet mit einem festem Wahlschlüssel – traditionell dann „Quote" genannt (und nicht mehr Divisor) – und mit freibleibendem Rundungsausgleich, der im Einzelfall so zu präzisieren ist, dass alle verfügbaren Sitze vergeben werden. Die Gegenüberstellung lässt zunächst offen, welche der beiden Methodenfamilien mächtiger ist. Aber bei eingehender Analyse wird klar, dass Divisormethoden in wohl jeder Hinsicht den Quotenmethoden überlegen sind. Deshalb widmet dieses Buch den Divisormethoden mehr Raum als den Quotenmethoden, wie angedeutet in Abschn. 4.9.

Quotenmethoden berechnen ihre Sitzzuteilungen in zwei Schritten. Der erste Schritt, die „Hauptzuteilung", verteilt eine Großzahl der h Gesamtsitze auf die Parteien $j \leq \ell$. Die Stimmenzahl v_j einer Partei wird durch die Quote geteilt, die der Methode zu eigen ist. Der resultierende Quotient wird zur vorläufigen Sitzzahl y_j abgerundet, $y_j = \lfloor v_j/Q \rfloor$. Die Hauptzuteilung versorgt also $m := y_+$ Sitze. Die Quote muss so gestaltet sein, dass höchstens alle Sitze ausgegeben werden, $m \leq h$. Gleichzeitig dürfen nicht mehr Sitze übrig bleiben als einer pro Partei, $h-m \leq \ell$. Der zweite Schritt, der „Restausgleich", schreibt vor, wie mit den $h - m \in \{0, \ldots, \ell\}$ „Restsitzen" zu verfahren ist, um die Ausschöpfung der Hausgröße h sicherzustellen. Der Restausgleich beruht meist auf einer unter den Parteien herzustellenden Rangordnung, die die Ansprüche auf einen der Restsitze widerspiegelt. Gemäß dieser Ordnung werden die Restsitze verteilt. Quotenmethoden folgen somit dem Motto „Teile und ordne".

8.1.2 Hare-Quotenmethode mit Ausgleich nach grössten Resten

Die bekannteste Quotenmethode ist die „Hare-Quotenmethode mit Ausgleich nach größten Resten", benannt nach dem englischen Juristen *Thomas Hare* (1806–1891). Wir bezeichnen sie mit HaQgrR, in den Tab. 4.1 und 7.1 haben wir sie schon angetroffen. Die Methode benutzt als Quote das Gesamtstimmen-zu-Gesamtsitze-Verhältnis v_+/h, in diesem Umfeld „Hare-Quote" genannt. Für eine Partei j mit Stimmenanteil $w_j = v_j/v_+$ ist der Quotient $v_j/(v_+/h)$ dann dasselbe wie $w_j h$, der Idealanspruch an Sitzen für die Partei j (Abschn. 3.1). Die Hauptzuteilung teilt Partei j so viele Sitze zu, wie die Ganzzahl ihres Idealanspruchs ausmacht, $y_j = \lfloor w_j h \rfloor$.

Wie viele Restsitze bleiben übrig? Insgesamt werden in der Hauptzuteilung $m = y_+$ Sitze vergeben. Da Abrundung der Ungleichung $y_j \leq w_j h$ gehorcht, werden höchstens alle Sitze verteilt, $m \leq w_+ h = h$. Bei Gleichheit müssten alle Idealansprüche ganzzahlig sein, was praktisch nie eintritt. Fast sicher werden also weniger als alle Sitze verteilt und ein oder mehr Sitze bleiben für den Restausgleich, $h - m \geq 1$. Andererseits gibt es wegen der Ungleichung $w_j h - y_j < 1$ weniger Restsitze als Parteien, $h - m = (w_1 h - y_1) + \cdots + (w_\ell h - y_\ell) < \ell$. Es gibt nie so viele Restsitze, dass für jede Partei einer da wäre, $h - m \leq \ell - 1$.

Welche Parteien profitieren vom Restausgleich? Wie der Name der Methode besagt, orientiert sich der Ausgleich an den Resten $w_j h - y_j$, den Bruchzahlen der Idealansprüche. Die Parteien mit den $h - m$ größten Bruchzahlen erhalten je einen der Restsitze. Für diese

8.1 Quotenmethoden

$h - m$ Parteien kommt zur vorläufigen Sitzzahl y_i ein Sitz hinzu, $x_i = y_i + 1 = \lceil w_i h \rceil$. Die anderen Parteien, also die mit den $\ell - (h - m)$ kleinsten Bruchzahlen, müssen sich mit den Sitzen aus der Hauptzuteilung begnügen, $x_k = y_k = \lfloor w_k h \rfloor$. Die endgültige Sitzzuteilung $x = (x_1, \ldots, x_\ell)$ schöpft die Hausgröße genau aus, $x_+ = m + (h-m) = h$.

Als Beispiele greifen wir auf die Tab. 4.1 und 7.1 zurück, in denen die Hare-Quotenmethode mit Ausgleich nach größten Resten schon vorkam. In Tab. 4.1 erhalten wir als Hare-Quote $37\,189\,335/496 = 74\,978{,}5$. Sie führt der Reihe nach zu den Quotienten 248,0, 172,7, 48,9 und 26,4. Die Hauptzuteilung verteilt $248 + 172 + 48 + 26 = 494$ Sitze. Die verbleibenden zwei Restsitze gehen an die zwei Parteien B und C, deren Bruchzahlen ,7 und ,9 größer sind als die Bruchzahlen ,0 und ,4 der anderen Parteien A und D. In der Sprache der Rundungsverfahren können wir das Ergebnis so beschreiben, dass die Idealansprüche oberhalb des Splitts ,5 aufgerundet werden und unterhalb abgerundet. In Tab. 7.1 beträgt die Hare-Quote $76\,356/60 = 1\,272{,}6$. Gemäß den ausgedruckten Quotienten verteilt die Hauptzuteilung 59 Sitze. Für den verbleibenden Restsitz scheiden sich größere und kleinere Reste am Splitt ,3, der in der Fußzeile der Tabelle ausgedruckt ist. Der Restsitz geht an die Stadt Schaffhausen.

Die Orientierung an den Idealansprüchen verleiht der Hare-Quotenmethode mit Ausgleich nach größten Resten Überzeugungskraft. Werden die Idealansprüche zu realen Ansprüchen überhöht, erscheint die Hare-Quote so selbstverständlich, dass nur auf den Restausgleich hinzuweisen ist. So wird im Angelsächsischen oft kurz vom „Verfahren der größten Reste" (engl. largest remainder formula, abgekürzt LR) gesprochen. Diese Verkürzung geht an der Realität vorbei. Es gibt durchaus andere Quoten als die Hare-Quote und andere Ausgleichsverfahren als das nach größten Resten.

8.1.3 Andere Quoten

Bei den Zuteilungsmethoden geht der Begriff *Quote* mit der Vorstellung einher, dass so viele Wähler, wie die Quote angibt, einen unabdingbaren Anspruch darauf haben, mit einem Sitz im Parlament vertreten zu werden. Mit dieser Sichtweise normiert die Quote eine entsprechende Anzahl von Wählern und muss also ganzzahlig sein.

Das Gesamtstimmen-zu-Gesamtsitze-Verhältnis, das heutzutage als Hare-Quote bezeichnet wird und im Folgenden mit HaQ abgekürzt wird, ist *nicht* ganzzahlig und entzieht sich einer Interpretation als Wählerzahl. Die heutige Hare-Quote ist aber auch nicht das, was *Thomas Hare* damals benutzte. Seine Quote war das *abgerundete* Gesamtstimmen-zu-Gesamtsitze-Verhältnis; für uns ist dies die „Hare-Quotenvariante 1", HQ1. Die hinter einem Sitz stehende Wählerzahl wächst, wenn nicht ab-, sondern aufgerundet wird. Demgemäß gibt es auch das *aufgerundete* Gesamtstimmen-zu-Gesamtsitze-Verhältnis, wir nennen es die „Hare-Quotenvariante 2", HQ2. In Sonderfällen bekommt ein Sitz noch mehr Gewicht mit der „Hare-Quotenvariante 3", HQ3, die zum abgerundeten Gesamtstimmen-zu-Gesamtsitze-Verhältnis einen Wähler hinzugibt. Diese Quoten lassen sich nach steigender Größe anordnen:

$$\text{HQ1} = \left\lfloor \frac{v_+}{h} \right\rfloor \leq \text{HaQ} = \frac{v_+}{h} \leq \text{HQ2} = \left\lceil \frac{v_+}{h} \right\rceil \leq \text{HQ3} = \left\lfloor \frac{v_+}{h} \right\rfloor + 1.$$

Möglichst viele Wähler hinter einen Sitz zu stellen verlangt nach möglichst großen Quoten. Die Suche nach möglichst kleinen Quoten ergibt aber auch Sinn. Denn dann steigt die Zahl der Sitze, die aus der Hauptzuteilung heraus begründet werden, und es sinkt die Zahl der Restsitze, die dem eher beiläufigen Restausgleich unterliegen. Diesen Ansatz verfolgte *Henry Richmond Droop* (1831–1884) mit seinem Vorschlag, zur Quotenberechnung die Gesamtstimmen durch die um eins erhöhten Gesamtsitze zu teilen, abzurunden und schließlich eins zu addieren. Da die Gestalt der „Droop-Quote" DrQ ohne einen Einblick in ihr Wirken nicht zu verstehen ist, finden sich in der Literatur gefälligere Varianten, die aber nicht zu empfehlen sind. Die erste verzichtet auf die abschließende Addition von eins, die zweite rundet auf statt ab und die dritte rundet kaufmännisch. Diese Quoten lassen sich nach fallender Größe anordnen:

$$\text{DrQ} = \left\lfloor \frac{v_+}{h+1} \right\rfloor + 1 \geq \text{DQ2} = \left\lceil \frac{v_+}{h+1} \right\rceil \geq \text{DQ3} = \left\langle \frac{v_+}{h+1} \right\rangle \geq \text{DQ1} = \left\lfloor \frac{v_+}{h+1} \right\rfloor.$$

Die drei Droop-Quotenvarianten sind nicht zu empfehlen. Sie sind so klein, dass sie die Gefahr in sich bergen, in der Hauptzuteilung mehr Sitze zu vergeben, als überhaupt verfügbar sind (PR 79). Das abschließende Ausgleichsverfahren könnte nicht weitere Restsitze austeilen, sondern müsste überzählige Sitze zurückrufen. Keines der einschlägigen Wahlgesetze macht sich die Mühe zu regeln, wie das gehen soll.

Nur die Droop-Quotenvariante 2 ist ein Relikt der Vergangenheit. Alle anderen Quoten kommen in der aktuellen Praxis diverser Staaten vor, zum Beispiel (PR 77):

HaQ Bulgarien
HQ1 Italien
HQ2 Litauen
HQ3 Schweiz
DrQ Irland
DQ1 Luxemburg
DQ2 Solothurn 1981–1993
DQ3 Slowakei

8.1.4 Andere Ausgleichsverfahren

Auch zum Ausgleichsverfahren nach größten Resten, grR, bietet die Praxis Alternativen. Die Variante gR1 führt ebenfalls einen Ausgleich nach größten Resten durch, berücksichtigt dabei aber nur Parteien, die in der Hauptzuteilung mindestens einen Sitz erhalten. Auf

8.1 Quotenmethoden

diese Weise ist im Parlament jeder Sitz mit einer vollen Wählerquote legitimiert. Zwergparteien, die die Quote nicht erreichen, bleiben außen vor. Der nun mögliche Fall, dass mehr Restsitze verbleiben als Parteien, wird von allen einschlägigen Wahlgesetzen geflissentlich ignoriert. Wir nennen die Variante gR1 den „vollmandatsbedingten Ausgleich nach größten Resten". Der Vollmandatsmodifikation von Divisormethoden liegt dieselbe Idee zugrunde (Abschn. 4.5).

Früher gab es auch einen Restausgleich der Art, alle Restsitze an die stärkste Partei zu geben. Wir wählen dafür die Abkürzung WTA, die sich aus dem englischen Imperativ *winner take all* herleitet. Ein ganz eigenartiges Ausgleichsverfahren wird in Griechenland verwendet, wir verweisen darauf mit dem Kürzel -EL (PR 11). Beispielhafte Anwendungen dieser Ausgleichsverfahren finden sich in

grR   Bulgarien
gR1   Litauen
WTA   Solothurn 1896–1917
-EL   Griechenland

Quoten und Ausgleichsverfahren lassen sich wie im Baukasten zusammensetzen. Zum Beispiel praktizierte der Kanton Solothurn bei der Einführung des Verhältniswahlrechts 1896 zunächst die Methode DQ1WTA (PR 77).

8.1.5 Sitzverzerrungen

Die Sitzverzerrungen der Quotenmethoden mit Ausgleich nach größten Resten sind von ähnlichem Format wie die Sitzverzerrungen bei Divisormethoden (PR 109). In Abschn. 3.5 haben wir gesehen, dass für stationäre Divisormethoden mit Splitt r ohne Mindesthürde ($t = 0$) die Sitzverzerrung der k-stärksten Partei gegeben ist durch

$$\left(r - \frac{1}{2}\right)\left(\frac{1}{k} + \frac{1}{k+1} + \cdots + \frac{1}{\ell-1} + \frac{1}{\ell} - 1\right).$$

Ist die Quote von der Form $Q(s) := v_+/(h+s)$, das heißt, ist sie verwandt zum Gesamtstimmen-zu-Gesamtsitze-Verhältnis $Q(0) := v_+/h$ über die Verschiebung $s \in [-1; 1)$ des Nenners, ergibt sich für die Quotenmethode mit Ausgleich nach größten Resten die Sitzverzerrung der k-stärksten Partei zu

$$\frac{s}{\ell}\left(\frac{1}{k} + \frac{1}{k+1} + \cdots + \frac{1}{\ell-1} + \frac{1}{\ell} - 1\right).$$

Die wichtigste Schlussfolgerung betrifft die Hare-Quotenmethode mit Ausgleich nach größten Resten. Da ihr Verschiebungsparameter verschwindet und somit auch der Vorfaktor ($s/\ell = 0$), sind die Sitzverzerrungen aller Parteien gleich null. Die Methode HaQgrR ist unverzerrt. Bei wiederholter Anwendung wird im Durchschnitt keine Partei bevorzugt und keine benachteiligt. Was Unverzerrtheit der Sitzzahlen angeht, ist die Hare-Quotenmethode mit Ausgleich nach größten Resten ($s = 0$) genauso hervorragend ausgewiesen wie die Divisormethode mit Standardrundung ($r = 1/2$).

Droop-Quoten sind kleiner als Hare-Quoten, was den Verschiebungsparameter positiv macht, $s > 0$. Dies entspricht bei den stationären Divisormethoden einem Split $r > 1/2$ und geht in Richtung der Divisormethode mit Abrundung. Demgemäß sind Droop-Quotenmethoden mit Ausgleich nach größten Resten verzerrt. Sie begünstigen stärkere Parteien und benachteiligen schwächere Parteien.

8.1.6 Gegenläufigkeiten

Quotenmethoden offenbaren gravierende Schwächen auf elementarem Niveau. Betrachten wir etwa die Hare-Quotenmethode mit Ausgleich nach größten Resten und ihre Lösungen HaQgrR($h; v_1, \ldots, v_\ell$). Was passiert bei einer Änderung der Hausgröße h, der Stimmenzahlen v_j, der Anzahl ℓ der zu berücksichtigenden Parteien? Wenn Eingangswerte variieren, sollten die Sitzzuteilungen so reagieren, dass der gesunde Menschenverstand nicht stutzen muss. In dieser Hinsicht sind Quotenmethoden gut für Überraschungen. Sie können mit unlogischen Sprüngen aufwarten und die Ergebnisse in kurioser Weise verkehren (PR 123). Diese Gegenläufigkeiten werden traditionell als Paradoxien bezeichnet, auch wenn ihnen kein philosophischer Tiefgang anhaftet.

Es gibt Fälle, bei denen ein Anwachsen der Hausgröße dazu führt, dass eine Partei einen Sitz weniger erhält. Es erscheint absurd, einem Beteiligten etwas wegzunehmen mit der Begründung, dass es mehr zu verteilen gibt. Wir nennen diese Gegenläufigkeit „Hausgrößenzuwachs-Paradoxie". In der Literatur wird oft vom „Alabama-Paradox" gesprochen, weil der Effekt erstmalig in den USA erkannt wurde und Sitze betraf, die für den Gliedstaat Alabama vorgesehen waren.

Es gibt Fälle, bei denen eine Partei einen Sitz mehr bekommt, obwohl sie als einzige Stimmen verliert und alle anderen Parteien Stimmen dazugewinnen. Dass eine Partei mit schrumpfender Unterstützung einen Sitz übernimmt von einer Partei mit wachsendem Wählerzuspruch, ist widersinnig. Wir nennen diese Gegenläufigkeit „Stimmenzuwachs-Paradoxie". Bei der Sitzzuteilung an Wahldistrikte ist natürlich eine Umdeutung als „Bevölkerungszuwachs-Paradoxie" vorzunehmen. Die Wahlkreiskommission des Deutschen Bundestages legte im Januar 2007 einen Bericht zur Neuverteilung der Wahlkreise auf die Bundesländer vor, in dem die Bevölkerungszuwachs-Paradoxie eingehend erläutert wurde. Ein Bundesland mit stärkerem Bevölkerungswachstum muss einen Sitz abgeben, der an ein Land mit schwächerem Wachstum transferiert wird. Daraufhin beschloss der Bundestag 2008, das Bundeswahlgesetz zu ändern und die seit 1983 geltende Hare-Quotenmethode mit Ausgleich nach größten Resten durch die Divisormethode mit Standardrundung zu ersetzen (Abschn. 6.3).

Es gibt Fälle, in denen ein Sitz von einer Partei zu einer anderen wandert, nur weil eine zusätzliche Partei Berücksichtigung findet, die aber ihrerseits so wenig Stimmen vorweist, dass sie leer ausgeht. Es irritiert, wenn die Zuteilung an die erfolgreichen Parteien davon abhängt, ob erfolglose Zwergparteien im Verfahren sichtbar gemacht werden oder nicht. Wir nennen diesen Effekt „Parteienzuwachs-Paradoxie".

Verfechter von Quotenmethoden schieben die Paradoxien als randständige Phänomene zur Seite. Sie übersehen dabei ihre zentrale Aussagekraft. Die Paradoxien trennen die Quotenmethoden, von denen jede darunter leidet, von den Divisormethoden, von denen jede dagegen immun ist. Die Unterscheidung in Divisormethoden und Quotenmethoden ist eine Hauptbotschaft der Monographie Balinski/Young (2001).

8.1.7 Zusatzbedingungen

Schwächen von Quotenmethoden treten auch beim Vorliegen von Mindestbedingungen zutage. Es bieten sich drei Wege an, die wir mit „pragmatischer Restausgleich", „iterierter Neubeginn" und „prinzipielle Quotenmodifikation" überschreiben.

8.1.8 Pragmatischer Restausgleich

In den USA muss bei der Zuteilung der Sitze des Repräsentantenhauses an die Gliedstaaten jeder Staat mindestens einen Sitz erhalten (Abschn. 5.4). Gemäß Balinski/Young (2001) läuft die traditionelle Interpretation der Hare-Quotenmethode mit Ausgleich nach größten Resten darauf hinaus, kleine Staaten, die in der Hauptzuteilung keinen Sitze bekommen, einzeln zu versorgen und vorab einen der Restsitze zu geben. Nur die dann verbleibenden Restsitze werden dem Restausgleich unterworfen. Dieser pragmatische Restausgleich verbietet sich als allgemeiner Lösungsweg, weil die Zahl der Restsitze zu gering sein mag, um alle Mindestbedingungen zu erfüllen.

8.1.9 Iterierter Neubeginn

In der Schweiz sind die 200 Sitze des Nationalrats so auf die Kantone zu verteilen, dass jedem Kanton mindestens ein Sitz zufällt. Dazu wird die Variante HQ3grR der Hare-Quotenmethode mit Ausgleich nach größten Resten um „Vorwegverteilungen" ergänzt. Die Wohnbevölkerung der Schweiz wird durch 200 geteilt. Die nächsthöhere ganze Zahl über dem Ergebnis bildet die erste Verteilungszahl, in Abschn. 8.1.3 mit HQ3 bezeichnet. Jeder Kanton, der mit seiner Bevölkerungszahl darunter bleibt, erhält vorweg einen Sitz und scheidet aus. Das Verfahren beginnt erneut. Die Wohnbevölkerung der verbleibenden Kantone wird durch die Zahl der verbleibenden Sitze geteilt. Die nächsthöhere ganze Zahl über dem Ergebnis bildet die zweite Verteilungszahl. Jeder Kanton, der mit seiner

Bevölkerung diese Zahl nicht erreicht, erhält vorweg einen Sitz und scheidet aus. Das Verfahren beginnt erneut. Der Neubeginn des Verfahrens wird solange wiederholt, bis alle verbleibenden Kantone die dann gültige Verteilungszahl erreichen. Abschließend werden die verbleibenden Sitze den verbleibenden Kantone mit dem Verfahren HQ3grR zugeteilt.

8.1.10 Prinzipielle Quotenmodifikation

In der Theorie empfehlen Balinski/Young (2001) eine grundsätzliche Modifikation des Quotenbegriffs. Liegen keine Zusatzbedingungen vor und wird für die Idealansprüche die abstrakte Form v_j/Q postuliert, dann ist die Quote Q durch die Forderung festgelegt, dass die Hausgröße auszuschöpfen ist: $v_+/Q = h \Rightarrow Q = v_+/h$. Systemverträgliche Mindestbedingungen a_j und Maximalbedingungen b_j (Abschn. 5.2) ändern die abstrakten Sitzansprüche zu $\text{med}(a_j, v_j/Q, b_j)$, wobei der Median die mittlere der drei Zahlen herausgreift. Um die Hausgröße auszuschöpfen, bestimmt sich die gesuchte Quote nun als Lösung Q_0 der Gleichung

$$\sum_{j \leq \ell} \text{med}\left(a_j, \frac{v_j}{Q_0}, b_j\right) = h.$$

Die Hauptzuteilung gibt dann jeder Partei $y_j = \lfloor \text{med}(a_j, v_j/Q_0, b_j) \rfloor$ Sitze. Der Restausgleich wird vollzogen wie gehabt. Es gibt allerdings (noch) keine praktische Anwendung für diesen mathematischen Ansatz.

Die drei Wege können zu unterschiedlichen Sitzzuteilungen führen. Im Grunde laufen sie darauf hinaus, Quoten nicht als feste Wahlschlüssel zu begreifen, sondern sie zu flexibilisieren. Angesichts beweglicher Wahlschlüssel sind Quotenmethoden aber fehl am Platz und werden von Divisormethoden überflügelt.

8.2 Optimalitätskriterien

8.2.1 Bezugsgesamtheiten und Wirkungsweise der Kriterien

Würden wir als Gedankenexperiment für einen Augenblick von der Ganzzahligkeit der Sitzzahlen x_j absehen und stattdessen Bruchteile von Sitzen zulassen, dann würden die Idealansprüche an Sitzen $(v_j/v_+)h = v_j/(v_+/h)$ für die Parteien $j \leq \ell$ vermutlich fraglos als die Lösung erscheinen, die mit Proportionalitätskonstante v_+/h perfekte Proportionalität zum Votenvektor v herstellt. Da nun aber gebrochene Sitzzahlen keine Lösungen sind, die praktikabel wären, bleibt das theoretische Ideal unerreichbar. Abweichungen vom Idealzustand sind praktisch unvermeidlich.

Es gibt eine Unmenge von Kriterien, Abweichungen von einem Idealzustand quantitativ zu bewerten. Aus der Vielzahl denkbarer Kriterien ragen die heraus, die einerseits

8.2 Optimalitätskriterien

Tab. 8.1 *Optimalität von Zuteilungsmethoden.* Je nach Bezugsgesamtheit (Wähler, Abgeordnete oder Parteien) und Wirkungsweise (globale Summierung oder lokale Vergleiche) ergeben sich sechs Kriterien. Die Divisormethode mit Standardrundung erweist sich als mehrfach optimal

	Summe der Abweichungsquadrate von realen zu idealen Zielwerten	Unterschiede zwischen zwei realisierten Zielwerten
Wählersicht: Erfolgswertgleichheit	Abschnitt 8.2.2: DivStd *Sainte-Laguë* (1910a, 1910b)	Abschnitt 8.2.5: DivStd *Bortkiewicz* (1919)
Abgeordnetensicht: Vertretungsgewichtsgleichheit	Abschnitt 8.2.3: DivGeo *Sainte-Laguë* (1910a)	Abschnitt 8.2.6: DivHar *Huntington* (1921)
Parteiensicht: Einhaltung der Idealansprüche	Abschnitt 8.2.4: HaQgrR *Sainte-Laguë* (1910a), *Pólya* (1919)	Abschnitt 8.2.7: DivStd *Balinski/Young* (2001)

der Zuteilungsproblematik in plausibler Weise gerecht werden und die andererseits eine Zuteilungsmethode auszeichnen, die praktikabel ist. Praktikabilität bedeutet, dass die ausgezeichneten Methoden entweder zur Klasse der Divisormethoden oder zur Klasse der Quotenmethoden gehören. Wir diskutieren acht Kriterien und werden insbesondere ihren plausiblen Begründungen die gehörige Aufmerksamkeit widmen.

Wir klassifizieren die Kriterien nach Bezugsgesamtheit und Wirkungsweise. Drei Bezugsgesamtheiten bieten sich an: die Wähler, die gewählten Abgeordneten oder die zwischen Wählern und Abgeordneten vermittelnden Parteien. Was die Wirkungsweise angeht, kann ein Kriterium alle Beteiligten summarisch in einer einzigen Zahl zusammenfassen. Oder es kann die vielen Unterschiede betrachten, die sich beim Vergleich von je zwei Beteiligten ergeben. Tabelle 8.1 ordnet sechs Kriterien in diese Klassifizierung ein und nennt die zugehörigen optimalen Verfahren: die Divisormethode mit Standardrundung (DivStd), die Divisormethode mit geometrischer Rundung (DivGeo), die Divisormethode mit harmonischer Rundung (DivHar) und die Hare-Quotenmethode mit Ausgleich nach größten Resten (HaQgrR). Siehe die Abschn. 8.2.2 bis 8.2.7.

Das siebte und achte Kriterium sind Worst-Case-Analysen. Entweder der Vorteil desjenigen Beteiligten, der am besten wegkommt, wird minimiert. Dann ist die Divisormethode mit Abrundung (DivAbr) optimal (Abschn. 8.2.8). Oder das Niveau des Beteiligten, der am schlechtesten dasteht, wird maximiert und die Divisormethode mit Aufrundung (DivAuf) erweist sich als optimal (Abschn. 8.2.9).

Der Diskussion von Optimalitätskriterien liegt die Idee zugrunde, qualitativ-normative Wahlgrundsätze so zu präzisieren, dass sie zu quantitativ-operationalen Zuteilungsverfahren hinführen. Die Vielzahl der Ansätze ist ein Hinweis darauf, dass dieser Zugang kein Königsweg ist. Von den vielen Kriterien, die im Lauf von mehr als einem Jahrhundert in der Fachliteratur vorgeschlagen worden sind, klingen die meisten plausibel, aber keines davon ist zwingend. Zudem gibt es Formulierungen, die an sich durchaus vernünftig sind, deren abstraktes Optimum jedoch keine konkret gangbare Zuteilungsmethode liefert. Bei den paarweisen Vergleichen von Unterschieden gibt es sogar Gütekriterien, für die kein Optimum existiert und bei denen die auf schrittweise Verbesserung zielenden Sitztransfers in einer Schleife endlos weitergehen. Es wäre aber zu kleinmütig, dem Optimierungsansatz gar keinen Informationswert zuzubilligen. So ist die Divisormethode mit Standardrundung, deren Vorzüge in den früheren Kapiteln sichtbar wurden, auch optimierungstheoretisch in mehrfacher Hinsicht herausragend.

8.2.2 Erfolgswertgleichheit: DivStd

Am Wahltag haben die Wählerinnen und Wähler das Sagen. Das Ergebnis der Wahl ist dokumentiert im Votenvektor $v = (v_1, \ldots, v_\ell) \in \mathbb{N}^\ell$ und in der Zuteilung der h verfügbaren Sitze an die ℓ beteiligten Parteien, also dem Sitzevektor $x = (x_1, \ldots, x_\ell) \in N^\ell(h)$. Wie ist die realisierte Proportionalität zwischen Sitzen und Voten aus Sicht eines Wählers zu bewerten?

Ein einzelner Wähler von Partei j ist nur eine der insgesamt v_j Personen, die für die Partei stimmen. Zusammen erzielen sie den Erfolg von x_j Sitzen. Auf einen einzelnen Wähler entfällt der Anteil x_j/v_j am Gesamterfolg. Da die Votenzahl im Nenner oft groß ist, wird der Quotient von Sitzzahl zu Stimmenzahl so winzig, dass er sich einer verständigen Deutung entzieht. Einer solchen Deutung steht aber nichts mehr im Wege, sobald die Zahlen angemessen standardisiert werden. Ob x_j Sitze einen großen oder kleinen Erfolg darstellen, ermisst sich erst mit Bezug auf die Gesamtsitzzahl h, weshalb im Zähler die Absolutzahl der Sitze durch den Sitzanteil x_j/h ersetzt wird. Ebenso sollte die Stimmenzahl v_j der Partei j im Lichte der Gesamtstimmenzahl v_+ gesehen werden, was im Nenner den Wechsel von der Absolutzahl der Wähler zum Wähleranteil v_j/v_+ nach sich zieht. Somit findet der „Erfolgswert einer Wählerstimme" für Partei j seinen numerischen Ausdruck als Quotient von Sitz*anteil* zu Stimmen*anteil*, $(x_j/h)/(v_j/v_+)$. Im Fall perfekter Proportionalität sind Sitzanteil und Stimmenanteil gleich, der Erfolgswert nimmt den Wert eins an. Idealerweise würde also einer Wählerstimme ein ganzer, hundertprozentiger Erfolg zukommen.

Die Erfolgswerte der Wählerstimmen sind auch aus innermathematischer Sicht Kennzahlen, die dem Problem höchst angemessen sind. Sie stellen den Dichtequotient dar, der die zu bestimmende Sitzverteilung (im Zähler) in Bezug setzt zur gegebenen Stimmenverteilung (im Nenner).

Tatsächliche Erfolgswerte weichen fast immer vom Idealwert eins ab, weil die Ganzzahligkeit der Sitzzahl x_j es unmöglich macht, dass der Sitzanteil dem Stimmenanteil genau gleich wird. Ist der tatsächliche Erfolgswert größer als eins, dann sind die v_j Wähler vom Glück begünstigt und haben mehr Erfolg, als reine Proportionalität versprechen würde. Ist der Erfolgswert kleiner, müssen die Wähler etwas Missgeschick hinnehmen. Um die Richtung der Abweichung zu neutralisieren und um größere Abweichungen stärker zu gewichten als kleinere, wird die Differenz zwischen tatsächlichem Erfolgswert und Idealwert quadriert,

$$\left(\frac{x_j/h}{v_j/v_+} - 1\right)^2.$$

8.2 Optimalitätskriterien

Dies bewertet die Abweichung vom Idealwert eins, die bei einem einzelnen Wähler der Partei j auftritt. Für die v_j Wähler der Partei j addieren sich die Werte zu

$$v_j \left(\frac{x_j/h}{v_j/v_+} - 1 \right)^2.$$

Im letzten Schritt wird über alle Wählergruppen $j \leq \ell$ summiert. Auf diese Weise wird der Sitzevektor x bewertet mit den über alle Wähler summierten Abweichungsquadraten zwischen realisierten Erfolgswerten und idealem Erfolgswert eins:

$$f_{h;v}(x) := v_1 \left(\frac{x_1/h}{v_1/v_+} - 1 \right)^2 + \cdots + v_\ell \left(\frac{x_\ell/h}{v_\ell/v_+} - 1 \right)^2.$$

Als Fehlermaß kommt der Wert null heraus genau dann, wenn der Sitzevektor x für alle Wähler einen ganzen, hundertprozentigen Erfolg mit sich bringt.

Normalerweise ist das Fehlermaß positiv, sollte aber wünschenswerterweise möglichst klein sein. André Sainte-Laguë (1910a, 1910b) zeigte, dass ein Sitzevektor $x \in \mathbb{N}^\ell(h)$ die Kriteriumsfunktion $f_{h;v}$ minimiert genau dann, wenn x mit der Divisormethode mit Standardrundung bestimmt wird (PR 128):

$$f_{h;v}(x) \leq f_{h;v}(y) \quad \text{für alle } y \in \mathbb{N}^\ell(h) \quad \Longleftrightarrow \quad x \in \text{DivStd}(h;v).$$

Wir halten fest, dass der Verfassungsgrundsatz der Wahlgleichheit in seiner Gestalt als *Erfolgswertgleichheit der Wählerstimmen* von der Divisormethode mit Standardrundung im Sinn der obigen Kriteriumsfunktion hervorragend gewährleistet wird.

8.2.3 Gleichheit der Vertretungsgewichte: DivGeo

Verfassungsrechtliche Wahlgleichheit kann auch von den Gewählten eingefordert werden, man spricht von *Statusgleichheit der Abgeordneten*. Aus dieser Sicht sollten die Vertretungsgewichte der Abgeordneten möglichst gleich sein. Die x_j Abgeordneten der Partei j vertreten zusammen die v_j Wähler, die für diese Partei votiert haben. Auf einen einzelnen Abgeordneten der Partei j entfällt also anteilig das „Vertretungsgewicht" von v_j/x_j Wählerbruchteilen. Im Idealfall hätten alle Abgeordneten dasselbe Vertretungsgewicht, in dieser Hinsicht wären sie gleich. Bezeichnen wir den Idealwert mit c, so ergibt sich aus $v_j/x_j = c$ nach Multiplikation mit x_j und anschließender Summation über die Parteien $j \leq \ell$ der Wert $c = v_+/h$. Das ideale, für alle gleiche Vertretungsgewicht ist also nichts anderes als das wohlbekannte Gesamtstimmen-zu-Gesamtsitze-Verhältnis.

Tatsächlich sind die Vertretungsgewichte $v_1/x_1, \ldots, v_\ell/x_\ell$ fast nie alle gleich. Abweichungen der Art $v_j/x_j - v_+/h$ sind praktisch immer existent. Um sie in ein Globalmaß zu bündeln, empfiehlt sich auch hier, sie erst zu quadrieren,

$$\left(\frac{v_j}{x_j} - \frac{v_+}{h} \right)^2.$$

Bei der Abweichung zwischen realem Vertretungsgewicht und idealem Gesamtstimmen-zu-Gesamtsitze-Verhältnis wird dadurch die Richtung bedeutungslos und eine starke Abweichung bekommt deutlich mehr Gewicht als eine schwache. Für die x_j Abgeordneten der Partei j addieren sich die Werte zu

$$x_j \left(\frac{v_j}{x_j} - \frac{v_+}{h} \right)^2 .$$

Die Summe dieser Abweichungsquadrate über alle Abgeordnetengruppen $j \leq \ell$ ergibt eine Kennzahl für den Sitzevektor $x \in \mathbb{N}^\ell(h)$, um die ihm innewohnende Ungleichheit hinsichtlich der Vertretungsgewichte der Abgeordneten global zu bemessen:

$$f_{h;v}(x) := x_1 \left(\frac{v_1}{x_1} - \frac{v_+}{h} \right)^2 + \cdots + x_\ell \left(\frac{v_\ell}{x_\ell} - \frac{v_+}{h} \right)^2 .$$

Sainte-Laguë (1910a) zeigte, dass ein Sitzevektor $x \in \mathbb{N}^\ell(h)$ die Kriteriumsfunktion $f_{h;v}$ minimiert genau dann, wenn x mit der Divisormethode mit geometrischer Rundung bestimmt wird (PR 129):

$$f_{h;v}(x) \leq f_{h;v}(y) \quad \text{für alle } y \in \mathbb{N}^\ell(h) \quad \Longleftrightarrow \quad x \in \text{DivGeo}(h; v).$$

Die Divisormethoden mit geometrischer Rundung liefert häufig dasselbe Zuteilungsergebnis wie die Divisormethode mit Standardrundung, vor allem bei durchgängig zweistelligen Sitzzahlen. Unterschiede treten eher bei einstelligen Sitzzahlen zu Tage. Insbesondere ist die Divisormethode mit geometrischer Rundung undurchlässig (Abschn. 2.2), selbst der schwächsten Partei ist ein Sitz sicher. Dagegen ist die Divisormethode mit Standardrundung durchlässig, Zwergparteien können sitzlos untergehen.

8.2.4 Einhaltung der Idealansprüche: HaQgrR

Auch Parteien können sich auf den Grundsatz der Wahlgleichheit berufen. Sie stellen die für Verhältniswahlsysteme unentbehrlichen politischen Institutionen dar, die zwischen Wählern und Gewählten vermitteln. Der institutionelle Gleichheitsanspruch drückt sich als *Chancengleichheit der Parteien* aus. Für das Repräsentationsproblem bietet sich an, die einer Partei j tatsächlich zugeteilte Sitzzahl x_j an ihrem Idealanspruch $(v_j/v_+)h$ zu messen, der so viele Sitzbruchteile von der Parlamentsgröße h reklamiert, wie der Votenanteil v_j/v_+ dieser Partei anzeigt.

Folgen wir dem in den vorangegangenen Abschnitten geübten Ansatz, von direkten Abweichungen zu quadrierten Abweichungen überzugehen, so erhalten wir den Ungleichheitsindex

$$\left(x_j - \frac{v_j}{v_+} h \right)^2 .$$

8.2 Optimalitätskriterien

Summiert über alle Parteien $j \leq \ell$ begründet dies die Kriteriumsfunktion

$$f_{h;v}(x) := \left(x_1 - \frac{v_1}{v_+}h\right)^2 + \cdots + \left(x_\ell - \frac{v_\ell}{v_+}h\right)^2.$$

Sainte-Laguë (1910a) zeigte, dass ein Sitzevektor $x \in \mathbb{N}^\ell(h)$ die Kriteriumsfunktion $f_{h;v}$ minimiert genau dann, wenn x mit der Hare-Quotenmethode mit Ausgleich nach größten Resten bestimmt wird:

$$f_{h;v}(x) \leq f_{h;v}(y) \quad \text{für alle } y \in \mathbb{N}^\ell(h) \quad \Longleftrightarrow \quad x \in \text{HaQgrR}(h;v).$$

Pólya (1919) sah, dass sich dieser Ansatz beträchtlich verallgemeinern lässt. Statt der Quadrate darf das Kriterium gewichtete Abweichungen $g(x_j - (v_j/v_+)h)$ aufsummieren. Einzige Voraussetzung ist, dass die zur „Gewichtsfunktion" $g(t)$ gehörende „Steigungsfunktion" $g(t)-g(t-1)$ nicht fällt für $t \in \mathbb{R}$ und strikt wächst für $t \in [0;1]$. Offensichtlich umfasst die erlaubte Klasse die Quadrate $g(t) = t^2$, denn die Steigungsfunktion ist $2t-1$. Ebenfalls zugelassen sind die Beträge, $g(t) = |t|$, Potenzen davon, $g(t) = |t|^p$ mit $p > 1$, und viele andere Gewichtsfunktionen mehr (PR 131).

Die Hare-Quotenmethode mit Ausgleich nach größten Resten liefert oft dieselben Sitzzahlen wie die Divisormethode mit Standardrundung. Wenn sich die Ergebnisse unterscheiden, dann meist für Hausgrößen und Votenzahlen, in deren Nähe Quotenmethoden auf Paradoxien zusteuern (Abschn. 8.1.6), während Divisormethoden solche Untiefen umschiffen. Jedoch bleiben die Unterschiede langfristig belanglos, beide Methoden sind unverzerrt. Bei wiederholten Anwendungen werden im Durchschnitt weder starke noch schwache Parteien begünstigt oder benachteiligt.

So wie die Stellungen von Wählern, Gewählten und Parteien verwandt und doch verschieden sind, lässt sich dasselbe von den Zuteilungsmethoden sagen, die die einschlägigen Abweichungsquadratsummen minimieren: DivStd, DivGeo und HaQgrR.

8.2.5 Erfolgswertunterschiede: DivStd

Abweichungsquadratsummen sind globale Kriterien, jeder Beteiligte trägt sein Scherflein dazu bei. Demgegenüber werden in den nächsten drei Abschnitten lokale Kriterien betrachtet. Eine lokale Analyse im Sinn der üblichen Differentialrechnung würde die Kriteriumsfunktion auf infinitesimale Änderungen in einer Koordinate hin untersuchen; das geht hier nicht. Die kleinste Änderung, der ein Sitzevektor x ausgesetzt sein kann, ist nicht infinitesimal winzig, sondern ein Sitz. Da zudem Sitzevektoren die konstante Quersumme h bewahren müssen, kann ein Sitz nicht einem Beteiligten dazugegeben werden, ohne dass ein anderer Beteiligter den Sitz verliert.

Betrachten wir zunächst zwei Wähler. Votiert der eine für Partei i und der andere für Partei k, dann ist die Differenz ihrer Erfolgswerte gegeben durch

$$\frac{x_i/h}{v_i/v_+} - \frac{x_k/h}{v_k/v_+}.$$

Stimmen beide für dieselbe Partei, $i = k$, sind ihre Erfolgswerte gleich und die Differenz ist null. Stimmen die zwei Wähler für unterschiedliche Parteien, $i \neq k$, sind ihre Erfolgswerte fast immer ungleich. Die Differenz ist positiv oder negativ je nach Reihenfolge, in der die Parteien genannt sind. Da die Reihenfolge der Nennung für die Beurteilung unerheblich ist, wird das Vorzeichen überlesen und nur der „Erfolgswertunterschied", also der Betrag der Differenz, betrachtet:

$$\left| \frac{x_i/h}{v_i/v_+} - \frac{x_k/h}{v_k/v_+} \right|.$$

Was passiert, wenn ein Sitz der Partei i weggenommen und an die Partei k gegeben wird? Der neue Erfolgswertunterschied ist

$$\left| \frac{(x_i - 1)/h}{v_i/v_+} - \frac{(x_k + 1)/h}{v_k/v_+} \right|.$$

Wenn der neue Unterschied kleiner ist als der alte, spricht alles dafür, den Sitztransfer vorzunehmen und zum Sitzevektor y überzugehen, der die Sitzzahlen $y_i = x_i - 1$, $y_k = x_k + 1$ und $y_j = x_j$ für $j \neq i, k$ hat. Wenn der neue Unterschied größer als der alte ist oder gleich, ist ein Übergang zu y ohne Vorteil und der alte Sitzevektor x erweist sich als „erfolgswertstabil bezüglich der Wählerstimmen für die Parteien i und k".

Offensichtlich erscheinen diejenigen Sitzevektoren x als erstrebenswert, die erfolgswertstabil nicht nur bezüglich der Wählerstimmen speziell für die Parteien i und k sind, sondern bezüglich der Wählerstimmen für ein beliebiges Paar von Parteien. Wir nennen einen solchen Sitzevektor „erfolgswertstabil". Bortkiewicz (1919) zeigte, dass ein Sitzevektor $x \in \mathbb{N}^\ell(h)$ erfolgswertstabil ist genau dann, wenn x mit der Divisormethode mit Standardrundung bestimmt wird (PR 136):

$$x \text{ ist erfolgswertstabil} \quad \Longleftrightarrow \quad x \in \text{DivStd}(h; v).$$

Diese Stabilitätsaussage bestätigt erneut, dass der Verfassungsgrundsatz der Wahlgleichheit in seiner Gestalt als Erfolgswertgleichheit der Wählerstimmen von der Divisormethode mit Standardrundung hervorragend gewährleistet wird. Die Zuteilungsergebnisse dieser Methode sind stabil gegenüber Umverteilungen eines Sitzes von einer Partei zu einer anderen. Kein Sitztransfer kann die Unterschiede zwischen den Erfolgswerten zweier Wählerstimmen noch kleiner machen, als sie eh schon sind.

8.2.6 Unterschiede der Vertretungsgewichte: DivHar

Was für die Erfolgswerte der Wählerstimmen recht ist, ist für die Vertretungsgewichte der Abgeordneten billig. Der „Unterschied der Vertretungsgewichte" zweier Abgeordneter, von denen einer zur Partei i und der andere zur Partei k gehört, ist

$$\left| \frac{v_i}{x_i} - \frac{v_k}{x_k} \right|.$$

Auch hier können wir spekulieren, was passiert, wenn ein Sitz von Partei i (mit $x_i > 1$) zu Partei k transferiert wird. Wenn der neue Unterschied

$$\left| \frac{v_i}{x_i - 1} - \frac{v_k}{x_k + 1} \right|$$

kleiner ist als der alte und somit die Vertretungsgewichte näher zusammenrücken, ist der Transfer vorteilhaft und sollte durchgeführt werden. Andernfalls ist der Sitzevektor x „vertretungsgewichtsstabil bezüglich der Abgeordneten der Parteien i und k".

Ist der Sitzevektor x vertretungsgewichtsstabil nicht nur bezüglich der Abgeordneten der speziellen Parteien i und k, sondern bezüglich der Abgeordneten zweier beliebiger Parteien, so nennen wir x „vertretungsgewichtsstabil". Huntington (1921) zeigte, dass ein Sitzevektor $x \in \mathbb{N}^\ell(h)$ vertretungsgewichtsstabil ist genau dann, wenn er mit der Divisormethode mit harmonischer Rundung bestimmt wird (PR 137):

$$x \text{ ist vertretungsgewichtsstabil} \iff x \in \text{DivHar}(h; v).$$

Das Ziel, die innerparlamentarische Gleichheit zu optimieren, rechtfertigt ein Verfahren, das ansonsten ein Schattendasein führt und nirgendwo verwendet wird.

8.2.7 Nähe zu den Idealansprüchen: DivStd

Auch für die Interessenswahrung der Parteien können wir eine Stabilitätsanalyse durchführen. Nehmen wir für einen gegebenen Sitzevektor $x \in \mathbb{N}^\ell(h)$ an, dass es zwei Parteien i und k gibt, von denen die eine deutlich über ihren Idealanspruch hinausschießt, $x_i > (v_i/v_+)h + 1/2$, und die andere deutlich dahinter zurückbleibt, $x_k < (v_k/v_+)h - 1/2$. In dieser Situation bringt der Transfer eines Sitzes von Partei i zu Partei k beide Parteien näher an ihre Idealansprüche heran und wäre ein Gebot der Fairness. Falls der Sitzevektor keine solchen Transfersituationen zulässt, das heißt

$$\left(x_j \leq \frac{v_j}{v_+}h + \frac{1}{2} \text{ für alle } j \leq \ell \right) \text{ oder } \left(x_j \geq \frac{v_j}{v_+}h - \frac{1}{2} \text{ für alle } j \leq \ell \right),$$

nennen wir x „idealanspruchsstabil".

Balinski/Young (2001) zeigten, dass die Divisormethode mit Standardrundung die einzige Divisormethode ist, deren Lösungsvektoren alle idealanspruchsstabil sind (PR 139). Dieses Ergebnis ist schwächer als die anderen, da die Bezugsklasse nicht sämtliche Zuteilungsmethoden beinhaltet, sondern nur die Divisormethoden. Trotzdem ist bemerkenswert, dass wie in den Abschn. 8.2.2 und 8.2.5 es wiederum die Divisormethode mit Standardrundung ist, die aus der Konkurrentenklasse hervorsticht.

8.2.8 Absenkung der Überrepräsentation: DivAbr

Schließlich seien zwei Kriterien genannt, die sich am extremen Niveau von Über- oder Unterrepräsentation orientieren, das einem Sitzevektor $x \in \mathbb{N}^\ell(h)$ innewohnt. Kehren wir dazu noch einmal zu den Erfolgswerten der Wählerstimmen zurück (Abschn. 8.2.2). Wenn alle Erfolgswerte größer als der Idealwert eins oder gleich eins sind, $(x_j/h)/(v_j/v_+) \geq 1$, übersteigen für alle Parteien $j \leq \ell$ die Sitzanteile die Votenanteile, $x_j/h \geq v_j/v_+$; alle Parteien sind tendenziell überrepräsentiert. Summation über j zeigt, dass in diesem Fall notgedrungen alle Erfolgswerte sogar gleich eins sein müssen. Dieser Idealfall tritt fast nie ein. Praktisch ist es also fast immer so, dass einige Erfolgswerte Überrepräsentation signalisieren, $(x_i/h)/(v_i/v_+) > 1$, und analog einige andere Unterrepräsentation, $(x_k/h)/(v_k/v_+) < 1$.

Die im Sitzevektor x vorhandene extreme Überrepräsentation ist

$$f_{h,v}(x) := \max_{i \leq \ell} \frac{x_i/h}{v_i/v_+}.$$

Minimierung dieses Kriteriums führt zu einer „Minimax-Lösung", die den größten Erfolgswert auf das geringstmögliche Niveau abgesenkt. Maurice Equer (1910) zeigte, dass die Divisormethode mit Abrundung immer zu Minimax-Lösungen führt (PR 133):

$$x \in \text{DivAbr}(h;v) \quad \Rightarrow \quad f_{h,v}(x) \leq f_{h,v}(y) \quad \text{für alle } y \in \mathbb{N}^\ell(h).$$

Die Rückrichtung der Implikation kann verletzt sein. Es gibt Situationen mit mehreren Minimax-Lösungen, von denen einige *nicht* auf die Divisormethode mit Abrundung zurückgehen (PR 134). Xavier Mora (2013) formuliert Bedingungen, unter denen die obige Implikation zu einer aussagenlogischen Äquivalenz wird.

8.2.9 Anhebung der Unterrepräsentation: DivAuf

Diese Überlegungen lassen sich ohne Schwierigkeiten übertragen, um die unvermeidlich hinzunehmende Unterrepräsentation soweit wie möglich zu lindern. Die im Sitzevektor x

8.2 Optimalitätskriterien

enthaltene extreme Unterrepräsentation ist

$$f_{h,v}(x) := \min_{k \leq \ell} \frac{x_k/h}{v_k/v_+}.$$

Maximierung dieses Kriteriums ergibt „Maximin-Lösungen", die den kleinsten Erfolgswert auf das höchstmögliche Niveau anheben. Auch dieses Kriterium wird von Equer (1910) studiert. Hier ist es die Divisormethode mit Aufrundung, die immer Maximin-Lösungen garantiert (PR 134):

$$x \in \text{DivAuf}(h;v) \quad \Rightarrow \quad f_{h,v}(x) \geq f_{h,v}(y) \quad \text{für alle } y \in \mathbb{N}^\ell(h).$$

Als drittes Kriterium betrachtet Equer (1910) die Spannweite der Erfolgswerte,

$$f_{h,v}(x) := \left(\max_{i \leq \ell} \frac{x_i/h}{v_i/v_+} \right) - \left(\min_{k \leq \ell} \frac{x_k/h}{v_k/v_+} \right).$$

Dies ist ein Beispiel eines Gütekriteriums, das an sich überzeugt, dessen Minimierung aber abstrakt bleibt und nicht zu einer identifizierbaren Zuteilungsmethode hinführt.

Literatur

Balinski, M.L./Young, H.P. (2001): Fair Representation – Meeting the Ideal of One Man, One Vote. Second Edition. Brookings Institution Press, Washington DC. [Zitiert auf den Seiten 39, 61, 107, 108, 109, 116]

Behnke, J. (2012): Ein sparsames länderproporzoptimierendes parteienproporzgewährendes automatisches Mandatszuteilungsverfahren mit Ausgleich ohne negatives Stimmgewicht. In: Zeitschrift für Parlamentsfragen 43, S. 675–693. [81]

von Bortkiewicz, L. (1919): Ergebnisse verschiedener Verteilungssysteme bei der Verhältniswahl. In: Annalen für soziale Politik und Gesetzgebung 6, S. 592–613. [109, 114]

Equer, M. (1910): Arithmétique et représentation proportionnelle. La Grande Revue, Quatorzième année, No. 12 (25 Juin 1910), Supplément. [116, 117]

Gauß, C.F. (1808): Theorematis Arithmetici Demonstratio Nova. In: CARL FRIEDRICH GAUSS Werke 2, S. 3–8. [2]

Gfeller, J. (1890): Du transfert des suffrages et de la répartition des sièges complémentaires. In: Représentation proportionnelle – Revue mensuelle 9, S. 120–131. [24, 54]

Grimmett, G.R./Laslier, J.-F./Pukelsheim, F./Ramírez González, V./Rose, R./Słomczyński, W./Zachariasen, M./Życzkowski, K. (2011): The Allocation between the EU Member States of the Seats in the European Parliament. European Parliament, Directorate-General for Internal Policies, Policy Department C: Citizen's Rights and Constitutional Affairs. Note 23.03.2011 (PE 432.760). [66]

Huntington, E.V. (1921): A new method of apportionment of representatives. In: Journal of the American Statistical Association 17, S. 859–870. [109, 115]

Kopfermann, K. (1991): Mathematische Aspekte der Wahlverfahren – Mandatsverteilung bei Abstimmungen. Bibliographisches Institut, Mannheim. [10]

Meyer, H. (1994): Der Überhang und anderes Unterhaltsames aus Anlaß der Bundestagswahl 1994. In: Kritische Vierteljahresschrift für Gesetzgebung und Rechtswissenschaft 77, S. 312–362. [82]

Meyer, H. (2010): Die Zukunft des Bundestagswahlrechts – Zwischen Unverstand, obiter dicta, Interessenkalkül und Verfassungsverstoß. Nomos, Baden-Baden. [83]

Mora, X. (2013): La regla de Jefferson-D'Hondt i les seves alternatives. In: Materials Matemàtics 2013, no. 4. [116]

Niemeyer, H.F./Niemeyer, A.C. (2008): Apportionment methods. In: Mathematical Social Sciences 56, S. 240–253. [54]

Peifer, R./Lübbert, D./Oelbermann, K.-F./Pukelsheim, F. (2012): Direktmandatsorientierte Proporzanpassung – Eine mit der Personenwahl verbundene Verhältniswahl ohne negative Stimmgewichte. In: Deutsches Verwaltungsblatt 127, S. 725–730. [81]

Poier, K. (2001): Minderheitenfreundliches Mehrheitswahlrecht. Böhlau-Verlag, Wien. [52]

Pólya, G. (1918): Über die Verteilungssysteme der Proportionalwahl. In: Zeitschrift für schweizerische Statistik und Volkswirtschaft 54, S. 363–387. [37]

Pólya, G. (1919): Sur la représentation proportionnelle en matière électorale. In: Enseignement Mathématique 20, S. 355–379. [109, 113]

Pukelsheim, F. (2014): Proportional Representation – Apportionment Methods and Their Applications. With a Foreword by Andrew Duff MEP. Springer International Publishing, Cham (CH). [VII]

Pukelsheim, F./Rossi, M. (2013): Imperfektes Wahlrecht. In: Zeitschrift für Gesetzgebung 28, S. 209–226. [81]

Pukelsheim, F./Schuhmacher, C. (2011): Doppelproporz bei Parlamentswahlen – Ein Rück- und Ausblick. In: Aktuelle Juristische Praxis – Pratique Juridique Actuelle 20, 1581–1599. [86]

Sainte-Laguë, A. (1910a): La représentation proportionnelle et la méthode des moindres carrés. In: Annales scientifiques de l'École normale supérieure, Troisième série 27, S. 529–542. [109, 111, 112, 113]

Sainte-Laguë, A. (1910b): La représentation proportionnelle et les mathématiques. In: Revue générale des Sciences pures et appliquées 21, S. 846–852. [109, 111]

Schuster, K./Pukelsheim, F./Drton, M./Draper, N.R. (2003): Seat biases of apportionment methods for proportional representation. In: Electoral Studies 22, S. 651–676. [38]

Schreiber, W./Hahlen, J./Strelen, K.-L. (2013): Kommentar zum Bundeswahlgesetz – Neunte Auflage. Carl Heymanns Verlag, Köln. [71]

Sachverzeichnis

A

Abrundung, 2, 3, 6, 9
Adjustierte Hausgröße, 23, 35
Alabama-Paradox, 106
Algorithmus der alternierenden Skalierung (AS), 97
Algorithmus des Tie-and-Transfer (TT), 97
Anonym, 16, 32, 59, 93
Appenzell Ausserrhoden, 65
Aufrundung, 4, 6, 9
Augsburg, 56
Ausschlusshürde, 42

B

Balanciert, 16, 59, 93
Bayerische Landtagswahlen, 38
Bevölkerungszuwachs-Paradoxie, 106
Beweglicher Wahlschlüssel, 53, 101, 108
Bindungen, 3, 19, 96
Boostedt, 49, 51, 52
Bruchzahl, 2

C

Cambridge-Kompromiss, 66, 67, 99
Chancengleichheit der Parteien, 82, 112

D

Degressive Repräsentation, 66, 68
Dekrementierungskandidaten, 21, 22, 60
Deutscher Bundestag, 14, 20, 29, 33, 48, 50, 52, 54, 70, 71, 73, 77, 78, 80, 83
Dichtequotient, 110
Direktmandatsbedingte Verhältniswahl, 71, 73
Direktmandatsorientierte Proporzanpassung, 81
Diskordant, 17, 93, 99
Diskrepanzabbau-Algorithmus, 22, 23, 35, 60
Distriktdivisor, 78, 79, 89, 92
Distriktgröße, 14, 56, 87, 89, 90
Divisorintervall, 19, 59
Divisormethode, 15, 60, 106–108
Divisormethode mit Abrundung (DivAbr), 15, 20, 24, 28, 31, 37, 39, 48, 49, 52, 61, 109, 116
Divisormethode mit Aufrundung (DivAuf), 15, 29, 37, 68, 109, 117
Divisormethode mit geometrischer Rundung (DivGeo), 15, 29, 48, 62, 63, 109, 112, 113
Divisormethode mit harmonischer Rundung (DivHar), 15, 29, 48, 109, 115
Divisormethode mit Potenzmittel-Rundung (DivPot), 15
Divisormethode mit Standardrundung (DivStd), 15, 20, 24, 28, 29, 37, 45, 48, 49, 52, 62–64, 73, 75, 78, 88, 92, 98, 106, 109, 111–114, 116
  doppeltproportionale Variante, 86, 92, 99, 100
  mindestbedingte Variante (DivStd•), 63, 65, 67, 76
Divisormethode mit stationärer Rundung (DivSta), 15, 34, 36, 105, 106
Doppelter Pukelsheim, *siehe* Divisormethode mit Standardrundung, doppeltproportionale Variante
Doppeltgewerteter Einzelstimme, 70
Doppeltproportionale Sitzematrix, 92
Droop-Quote, 104, 106
Droop-Quotenmethoden mit Ausgleich nach größten Resten, 106
Droop-Quotenvarianten, 104
Durchlässig, 6, 7, 15, 112

E

Eindeutigkeitstheorem, 95
Empfohlener Anfangsdivisor, 23
Erfolgswert einer Wählerstimme, 110, 114
Erfolgswertgleichheit, 98, 111, 114
Erfolgswertstabil, 114
Erfolgswertunterschied, 114
Europäisches Parlament, 56, 57, 98
Exakt, 6, 17, 59, 93
Exponentenparameter, 9

F

Faktische Sperrklausel, 42, 46
Fester Wahlschlüssel, 53, 101, 108
Fiktivsitze, 78, 79
Fundamentalbeziehung, 7, 18, 23, 35, 42
Fünf-Prozent-Hürde, 33, 47, 51, 78

G

Ganzzahl, 2
Gegenläufige Sitzvergebung, 93
Geometrische Rundung, 9
Geradzahl-Rundung, 4
Gesamtstimmen-zu-Gesamtsitze-Verhältnis, 16, 24, 53, 60, 102, 105, 111
Gleichverteilungsannahme, 35
Grundeigenschaften, 16, 93

H

Hagenbach-Bischoff-Methode, *siehe* Divisormethode mit Abrundung
Hare/Niemeyer-Verfahren, 54
Hare-Quote, 53, 102, 103
Hare-Quotenmethode mit Ausgleich nach größten Resten (HaQgrR), 37, 48, 52, 53, 61, 65, 72, 87, 105–107, 109, 113
Hare-Quotenvarinaten, 103
Harmonische Rundung, 9
Hauptzuteilung, 53, 102, 104, 108
Hausgröße, 13, 15, 34
Hausgrößenempfehlung, 38, 47
Hausgrößenzuwachs-Paradoxie, 106
Heimbach, 47
Homogen, 17, 59, 93
D'Hondt-Methode, *siehe* Divisormethode mit Abrundung

I

Idealanspruch an Sitzen, 31, 102, 108, 112, 115
Idealanspruchsstabil, 115

Inkrementierungskandidaten, 21, 22, 59

K

Kaufmännische Rundung, 4, 88
Konkordant, 17, 59, 93

L

Links-rechts-Disjunktion, 6, 17
Listenverbindung, 17
London, 83
Losentscheid, 19, 59

M

Majorzwahl, 87, 94
Maximalbedingung b_j, 57
Maximalhürde für x_j Sitze, 41
Max-Min-Ungleichung, 18, 59
Mehrheitstreu, 48, 49
Mengenmonoton, 8, 17
Methode der geraden Teiler, 28
Methode der ungeraden Teiler, 28
Mindestbedingung a_j, 56, 65, 66, 71, 83, 107
Mindesthürde für Stimmenanteile t, 33
Minimalhürde für x_j Sitze, 41
Motto „One person, one vote", 98
Motto „Teile und ordne", 101, 102
Motto „Teile und runde", 15, 23, 75, 95

N

Natürliches Quorum, 42
Negatives Stimmgewicht, 82
Nettersheim, 47
Nordrhein-Westfalen, 47

O

Oberzuteilung, 74, 83, 86, 87, 93, 94, 97–99
Österreich, 52

P

Paradoxien, 106, 113
Parteidivisor, 89, 92
Parteienzuwachs-Paradoxie, 107
Potenzmittel-Sprungstellenfolge, 9, 59

Q

Quote, 53, 101, 103
Quotenmethoden, 107, 108

R

Repräsentantenhaus, 56, 61, 63
Repräsentationshürde, 42
Restausgleich, 53, 102, 104, 108

Sachverzeichnis

Restsitze, 53, 102
Rundungsfunktion, 1
Rundungsregel, 7

S
Schaffhausen, 103
Schleswig-Holstein, 45, 49
Schottland, 83
Schwedische Modifikation, 46
Schweiz, 56, 107
Sitzematrix, 91
Sitzevektor, 14
Sitzexzess, 31–33, 42, 43
Sitzverzerrung, 33, 62, 105
Solothurn, 38
Spaltenanpassungen, 97
Spaltenmarginalien, 91
Spannweite der Erfolgswerte, 117
Splittparameter, 8
Sprungstellenfolge, 5
Staatengleichheit, 67
Standardrundung, 5, 9, 27, 35
Stationäre Sprungstellenfolge, 8, 59
Statusgleichheit der Abgeordneten, 111
Stimmenzuwachs-Paradoxie, 106
Systemverträgliche Zusatzbedingungen, 58, 60, 77, 108

T
Traditionelle Divisormethode, 15
Traditionelle Rundungsregeln, 9

U
Überhangmandate, 81
Undurchlässig, 6, 7, 15, 112
Universeller Anfangsdivisor v_+/h, 25, 60
Unproportionalitätsindex, 60, 63, 76, 82

Unterzuteilung, 73, 75–77, 81, 82, 85, 86, 89–91, 93–95, 97–100
Unverzerrt, 34, 36, 106, 113

V
Venedig-Kommission, 74
Vergleichszahlen, 27
Verlustbeschränkte Variante, 66, 68
Vertretungsgewicht, 111, 115
Vertretungsgewichtsstabil, 115
Verzerrungsformel, 34
Verzerrungsfreie Rangplatz, 39
Vollmandatsbedingter Ausgleich nach größten Resten, 105
Vollmandatsmodifikation von Divisormethoden, 46, 48, 105
Votenindex, 13, 91
Votenmatrix, 91
Votenvektor, 14

W
Wahldistrikte, 14, 16, 37, 56, 70, 83
Wählerzahl, 88
Weimarer Republik, 57, 70
Weltbevölkerung, 10
WTA-Restausgleich, 105
WTO-Modifikation, 94

Z
Zeilenanpassungen, 97
Zeilenmarginalien, 91
Zitierdivisor, 19, 20, 22, 59, 92
Zulässige Sitzvektoren, 59
Zusatzbedingte Variante, 58, 59
Zusatzbedingungen, 57, 58
zuteilungsbedingter Proportionalitätsverlust, 60
Zuteilungsberechtigt, 33, 46, 51, 74, 80
Zwergparteien, 33, 46, 51, 105, 107, 112

The manufacturer's authorised representative in the EU is Springer Nature Customer Service Centre GmbH, Europaplatz 3, 69115 Heidelberg, Germany. If you have any concerns regarding our products, please contact ProductSafety@springernature.com

Printed and bound by CPI Group (UK) Ltd, Croydon, CR0 4YY

25/03/2026

02078181-0018